致谢
Acknowledgements

Next-Gene 已经是受到国际肯定的建筑集体创作——世界五大建筑杂志之一的《A+U》(Architecture and Urbanism), 2008 年 6 月整本是中国台湾 Next-Gene 专辑;"2008 年威尼斯建筑双年展"也已通过审查, 将邀请中国台湾 Next-Gene 为本届"大会正式特展"(official collateral exhibition); 伊东丰雄先生则称 Next-Gene 是"20 世纪到 21 世纪住宅原理演变的新实验场"。

有这样的成绩, 完全要归功于吕台年与王佳婉伉俪。如果没有台年的远见、胆识、坚持、执行, 就不会有今天令国际建筑界都期待的成果; 如果没有佳婉的支持、奔波、无怨、叮咛, 台年就不会有今天令中国台湾企业家都羡慕的成果。没有他们二位, 就没有 Next-Gene。我不是说客气话, 真的。

当然, 吕台年先生领军的捷年团队功不可没。施玉进、陈瑞峰、陈荣智、徐有忠、张茂山、吴安居、吕宵萤、张信德、徐宝寰等主管及其团队, 经常挥汗如雨、日以继夜, 没有他们, 进行上不会那么顺利。

再来要先感谢总规划团队: 交大建筑研究所、原相联合建筑师事务所、堀口正人先生, 以及大阪大学 Sasada 团队。龚书章建筑师一通电话的引荐, 才让我有机会接受人生另一次挑战。原相团队龚书章、吴建森、张钧胜三人在建筑与规划上、堀口团队在景观设计上、大阪大学的加贺有津子与福田知弘两教授团队在未来生活设计上, 都为本计划付出许多。我交大的首席设计林楚卿与博硕士研究生赖德、陈姿汝、郭圣荃、连家庆、林柳吟、梁凯翔、程家伦、黄郁钧再次与我没日没夜; 在策划与行政上, 杨小慧、谢书卿、赖淑燕、吴宜倩、许菁芳也跟着忙碌。

20 建筑团队是计划的主角, 大家超乎想像地卖力, 让我这个主持人深受感动、其实也始料未及。尤其要谢谢张永和教授夫人鲁力佳老师, 她将主持"长城脚下的公社"的正反经验都倾囊相授。当我思索十位中国台湾境外人选时, 大师安藤忠雄、伊东丰雄、扎哈·哈迪德与建筑评论家 Nobuyuki Yoshida、Marco Brizzi、Alicia Yeste、Lily Choi 等人的推荐, 更是这次集体创作能有国际高度的重要关键。另外, 古爵志建筑师团队能协助德国 Graft、戴育泽建筑师团队能协助交大、曾任 Arup 洛杉矶公司主持人的 KingLe 结构设计团队能协助交大和平田晃久的“怪设计”，都是 Next-Gene 具国际水准的执行方面不可或缺的力量。

为了确保施工品质，我恳请夏涵人先生担任营建管理总顾问，涵人兄及林宪庆、许浩展、谢旭升、周文帅、林一声、萧文达、李政宪、邓浩等杰出的专业顾问，让所有 20 建筑团队对施工深具信心。企划顾问由黄希文、葛树人、范可钦三位知名人士亲自出马，则让 Next-Gene 能在建筑的艺术与文化中，增添生活与时尚的另一面。

为了出版本书的各个版本，远见杂志与天下文化出版社的高希均教授、王力行发行人、林荣崧编辑总监、文字编辑黄雅蕾、美术编辑张议文的心力，以及张茂芸、李雪丽、马素珍等朋友的支持，是本书由中国台湾走向大陆与国际的最佳保证。另外，北京中国建筑工业出版社白玉美主任的大力支持，清华大学建筑学院林贤光教授的热情协助，Birkhäuser 出版社建筑编辑 Ulrike Ruh 为本书增加跨文化对话的建议，都为本书加分不少。

此外，要特别感谢亚洲大学蔡长海创办人与张纮炬校长，两位前辈十分鼓励我为中国台湾推动国际计划，也同时容忍我在外打拼、经常不在学校，我深深感激。

伊东丰雄先生鼓励我们、周锡玮县长支持我们的两篇序言，让 Next-Gene 又向前走了一大步。最后，本书的诞生也像 Next-Gene 的诞生一样，需要好团队，再次向雅蕾、议文、荣崧致谢，我们已形成“铁四角”，有你们，就有最棒的书。

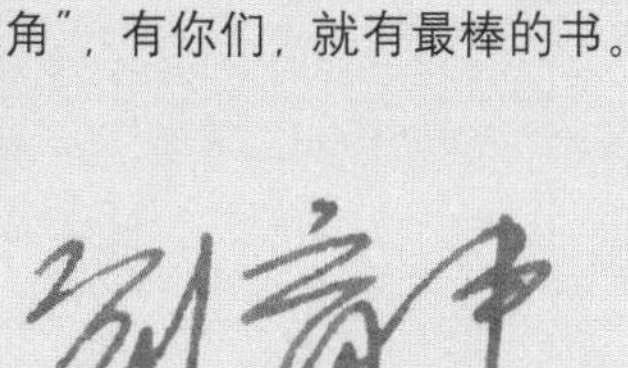

Yu-Tung Liu，2008 年 5 月 24 日

澳底基地航拍图

Site Plan 20 Houses | 20 Architects

01 暧昧 Aimai House | 隈研吾 Kengo Kuma
02 回院 Floating Courtyard | 陈瑞宪 Ray Chen
03 观察者/家庭包 Observer | MVRDV
04 水墨狂草 Calligraphic House | 刘育东 Yu-Tung Liu
05 三联画宅 Triptych House | 张永和 Yong He Zhang
06 磊落 Radix House | 龚书章 Shu-Chang Kung
07 帕拉第奥别墅/自然隐喻 Villa Palladio | IaN+
08 禅简 Cocoon | 姚仁喜 Kris Yao
09 山灵别墅 FlexiVilla | 森俊子 Toshiko Mori
10 敞地 Terra Vista | 曾成德 David Chun-Tei Tseng
11 建筑农场 Architecture Farm | 平田晃久 Akihisa Hirata
12 卧龙 Latent Dragon | 黄宏辉 Irving Hung-Hui Huang
13 金屋 House Aurum | Fernando Menis
14 山岚余韵 In Phrase of Stratus | 杨家凯 Kyle Chia-Kai Yang
15 山脊之屋 Ridge House | 徐惠林 Hailim Suh
16 山丘上的精灵 The Elf on the Hilltop | 邱文杰 Jay Wen-Chieh Chiu
17 回旋之屋 The Twirl House | Julien De Smedt
18 季风之村 Monsoon Village | 黄声远 Sheng-Yuan Huang
19 贝霖/沐于甘霖的贝壳 Bei-Lin | GRAFT
20 染色体-H Chromosome-H | 简学义 Hsueh-Yi Chien

张永和
Yong He Zhang · China / USA
麻省理工学院建筑系主任，长年于国际间举办展览，四度参加「威尼斯建筑双年展」，作品曾获「P/A」褒扬、「联合国教育科学暨文化组织艺术推荐奖」等。

森俊子
Toshiko Mori · Japan / USA
哈佛大学建筑系主任，「普利茨克奖」评审委员，曾获「纽约市艺术委员会设计奖」、「美国建筑师学会纽约分会荣誉勋章」、「美国艺术与文学院建筑奖」、「NYC / AIA 设计奖」、「I.D. 年度设计奖」等。

徐惠林
Hailim Suh · Korea
哈佛大学丹下健三建筑讲座教授，曾获许多奖项，包括「KIA 奖」、「Architectural Record 杂志设计先锋奖」、「第十八届首尔建筑奖」等。

平田晃久
Akihisa Hirata · Japan
日本新锐建筑师，曾获「日展示销售空间设计竞赛一等奖」、「SD Review Asakura 奖」、「Annaka 国际环境艺术竞赛三等奖」、「NEG 空间设计竞赛一等奖」。

隈研吾
Kengo Kuma · Japan
日本当代著名建筑大师，屡获日本国内外建筑设计大奖，包括「国际建筑奖」(International Architecture Awards)、美国「AIA 一等奖」等。

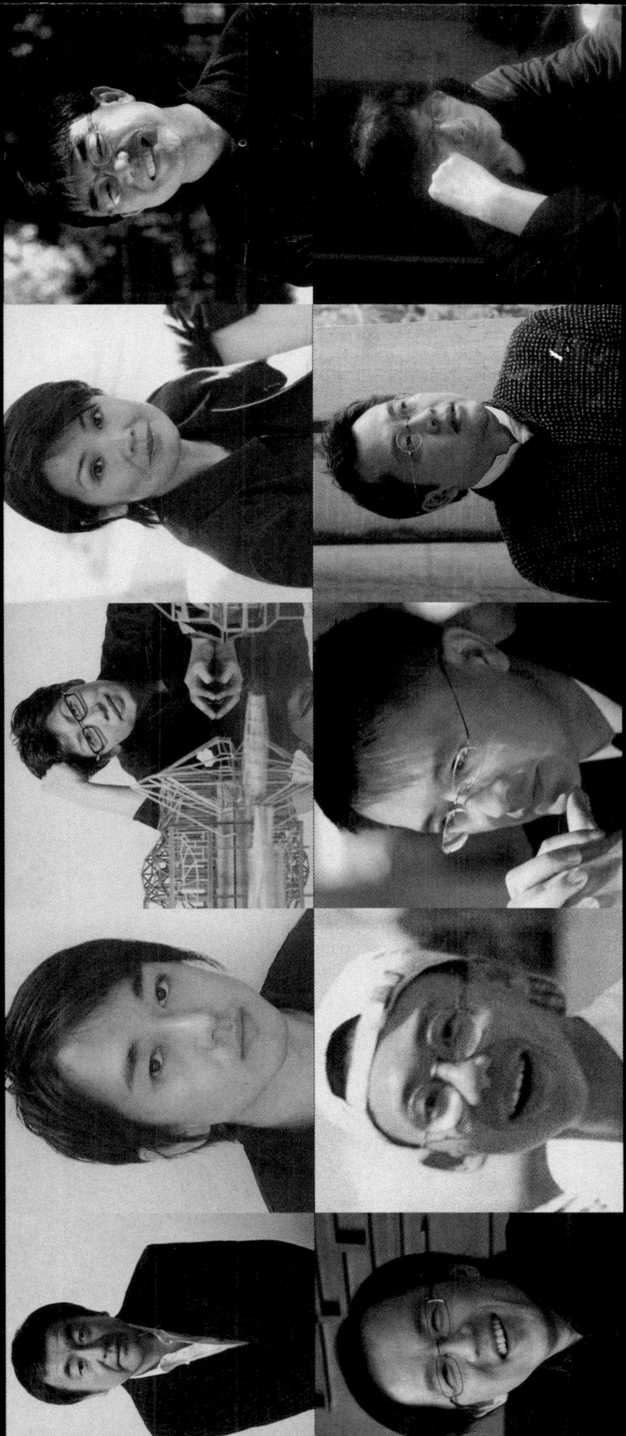

简学义
Hsueh-Yi Chien
曾获 2001 年「台湾建筑奖」一等奖、「第八届台湾文艺奖」提名、「日本 JCD Design Award」评审大奖，并曾参加「第八届威尼斯建筑双年展」。

黄宏辉
Irving Hung-Hui Huang
曾获「建筑师杂志奖」佳作、「建筑金鼎奖」、「中国台湾建筑金质奖」、「建筑金石奖」、「中国台湾室内设计金奖」、「上海当代金琮奖」等。

陈瑞宪
Ray Chen
曾获「亚洲最具影响力设计大奖」「日本 Weekly AsahiGraph 选为 20 世纪大中华区最具影响力的五位建筑师之一」等。

黄声远
Sheng-Yuan Huang
曾获「第七届中国台湾杰出建筑师」、「宜兰厝建筑奖」、「远东杰出建筑佳作奖」、「中国台湾建筑奖」、「中国台湾建筑师杂志奖」等。

刘育东
Yu-Tung Liu
曾获第一届欧洲建筑学术「派粹维克奖」、「国际室内设计传媒奖」年度建筑设计奖、中国建设部「中华建设名家」等，最近获邀参加由伊东丰雄与彼得・库克策划之「欧亚建筑新潮流 2008–2009 巡回展」。

Julien De Smedt · Denmark

曾两次获「Henning Larsen 奖」、「年度青年建筑师奖」、「2008 Contractworld 奖」、「AR+D 新建筑奖」、「第九届威尼斯建筑双年展金狮奖」，以及世界声誉最高的体育建筑奖「IOC/IAKS Award」特别殊荣奖等。

GRAFT · Germany

曾获「HD 最佳未实现个案奖」、「AIA 洛杉矶餐厅设计奖」、「室内设计创新概念奖」、「Exhibitor 杂志设计金奖」、「AIA 成就奖」、「未来潮流奖」等。

Fernando Menis · Spain

曾获「欧盟密斯 · 凡 · 德 · 罗奖」、「第四届欧洲奖」、「FAD 奖」一等奖、「Manuel de Oráa 奖」一等奖，并曾参加「第八届西班牙建筑双年展」等。

IaN+ · Italy

曾获「意大利建筑金质奖」，并曾参加「米兰三年展」、「伦敦建筑双年展」、「威尼斯建筑双年展」、「第一届北京建筑双年展」等。

MVRDV · Netherlands

当代著名建筑团队，曾获「迪尔克 Roosenburg 奖」提名、「Heuvelink 建筑奖」提名、「西班牙马德里市：2005 住宅类最佳新建筑物」第一名，多次「欧盟密斯 · 凡 · 德 · 罗奖」、「NAI 奖」等。

龚书章

Shu-Chang Kung

曾获「德国 iF 传媒设计大奖」、「第八届中国台湾杰出建筑师奖」、「中国台湾建筑奖」、「日本商业设计协会 JCD 空间设计国际奖」等。

曾成德

David Chun-Tei Tseng

中国台湾东海大学建筑系主任，曾获「中国台湾住宅建筑奖」、入围「远东建筑奖」、「室内杂志年度一等奖」等。

姚仁喜

Kris Yao

曾获「第十一届中国台湾文艺奖建筑类」、「中国台湾建筑奖」一等奖，荣获「加州大学伯克利分校环境设计学院杰出校友」、「远东建筑奖杰出建筑设计奖」，并获颁「中国台湾杰出建筑师」；2002 年以「中国台湾高速铁路新竹站」为主题，代表中国台湾参加「第八届威尼斯建筑双年展」，2003 年受邀参加「第一届鹿特丹国际建筑双年展」。

邱文杰

Jay Wen-Chieh Chiu

曾获「WA 中国建筑奖」优胜，「中国台湾建筑奖」、「远东建筑奖」杰出奖，「2001 年日本新建筑—建筑样式」第二名，「2007 全球华人青年建筑师奖」等。

杨家凯

Kyle Chia-Kai Yang

美国哥伦比亚大学建筑硕士／土木硕士，曾获两次「中国台湾建筑奖」佳作奖等。

10 位中国台湾建筑师

下一代基因建筑
——大地建筑的变与不变

Next-Gene Architecture

Changed and Unchanged Architecture on Grand Land

刘育东　著

中国建筑工业出版社

下一代基因建筑——大地建筑的变与不变

Next-Gene Architecture Changed and Unchanged Architecture on Grand Land

目录 || Contents

21世纪的住宅实验场

21世纪のジードルング

The *Siedlung** of the 21st Century

伊东丰雄 Toyo Ito

21 世纪的住宅应该是什么样子呢？看过近年来刊登于建筑杂志上的独立住宅后，发现与 20 世纪的住宅样式表现有着显著的不同。是家庭构造改变了？还是生活形态不同了？或是随着电脑这类的设计工具的演进而改变？或是在更大的意义之上的“建筑”这个概念正在不断地蜕变……？其变化的主因应该有很多吧。我们究竟能不能从散落在世界各地的住宅中，发现新的共同原理呢？如果只就个别的表现来看的话，我想是无法轻易发现的。

就在此时，中国台湾年轻的开发业者，聘请了代表中国台湾地区的年轻建筑师刘育东先生担任总策划，提供了一个令人惊奇的住宅实验场。从台北驱车往北约 50 分钟，在中国台湾东北角宽阔的土地上，邀请了 10 位中国台湾境外及 10 位中国台湾本土的建筑师参加，委托他们设计“下一代住宅”。而受邀的名单内虽然有 MVRDV、隈研吾、森俊子、姚仁喜、曾成德等国际知名的建筑师，不过大半都是今后将备受瞩目的 30、40 岁这一代的年轻建筑师。

像这样的实验，不在欧洲或中国大陆，而是在中国台湾地区进行，实在是超乎想像。但现今的中国台湾，却是当今世界在现代建筑的发展上最为活跃的地区之一。在国际建筑师的研讨会及展览会上，都能见到令人感到意外的名人造访；而报纸、电视台等媒体也接连几天报导新建筑规划及建筑师相关的信息。更令人惊奇的是，台北、台中、高雄等地都在互相角力新规划，企图透过建筑的实现，达到都市发展的目的。就是在这样的背景之下，这个应该称为 21 世纪第一个“Siedlung”的独立住宅实验场，才得以被实现的吧。

在受邀的 20 位建筑师中，每位的住宅方案都各有特色，要找出共同点实在不容易。但若回想起 20 世纪初的集合住宅实验规划，这 20 个住宅方案与现代主义住宅的差异便会自动浮现。

现代主义建筑的基本原理是在工业生产下，以低价格提供大量住宅给民众；另外，其目的也在于实现明朗、健康又具功能性的生活方式。因此，透过水泥、钢铁、玻璃来强化其透明性，并利用单纯简单的几何学来表现出立体感。

从这次建筑师的方案中，也能够看到部分传承现代主义精神的设计。即使进入了 21 世纪，压倒性支配现代社会的，仍然是现代主义。因为，无论是生活方式、社会上的各种系统、甚至是建筑相关的技术，都是沿袭自 20 世纪。

不过，这 20 个住宅的特征，在于它们并非是用“纯粹”来追求一个完整的世界。即使是采用立体的表现，立方体设计本身也会像是景观的一部分，呈现出一种与外部环境的相对关系，创造出分隔内／外的境界、调节阳光与空气有如皮肤功能般的模糊关系、甚至是立方体与立方体重叠后产生的多样关系设计。

* Siedlung 是德文，意指 20 世纪德国所建设的一系列实验性集合住宅；其中最具代表性的便是在斯图加特（Stuttgart）的白院住宅（Weissenhof Siedlung）。

也就是说，我们可以很清楚地从这 20 个住宅方案中，看到“内－外”或“内－内”相对关系上的设计，这一明确的意志。所谓相对关系其实是一种松散而模糊的关系，从生态的观点来看，21 世纪的建筑必须重新审视我们与自然之间的关系，是理所当然的。因此，追求“内－外”的相对关系，可以说是一种不可避免的趋势。

此外，现代的家庭关系与从前相比之下，明显地变得更为松散、形成相对性的特征。夫妻、亲子间的关系早已不是绝对的，而是各自独立、互相尊重，演变成一种缓和的关系。因此，以一种没有强势中心的“内－内”关系来构成住宅，似乎也是必然的趋势。

不只是住宅，建筑不管在哪个时代，都能透过空间的构成，来体现当时社会及家庭的秩序。社会上的人际关系与家庭关系若有改变，建筑的秩序所应有的模式也会随之变化。随着移动电话、电子邮件、网络等信息技术的发展，社会具有流动性，家人间的关系也不断出现相对化。因此，现代建筑会走向相对而复杂的秩序，也是理所当然的。

这次在几个设计中，可以看到充分利用曲线及曲面，创造出充满流动性住宅空间的方案。那些方案看起来就宛如在荧幕上扭曲、回转或是反转的空间，可说是三维曲面连续体的拓扑式空间（topological space）。这些与以前提到的立方体设计表现虽然完全不同，但就内外、内内关系的相对化上却是共通的。而透过较激烈的表现，可以尝试让建筑更接近有机的存在方式。

我之所以会对这 20 个住宅有兴趣，是因为这些方案一方面想创造出更接近自然的空间，另一方面又想创造出类似电脑游戏般的虚拟空间。在电脑的游戏空间里，我们可以解放地心吸引力，让我们的身体浮在空中自由地行动。就算达不到那样的程度，我们在使用移动电话及电子邮件时，的确也失去了对距离及时间的感觉；而我们的身体感觉在现实与非现实之间的境界，也日渐模糊。在现代这样的身体感官下，这些方案尝试着实践出现实的住宅空间，同时也带来了“极为不安定的秩序，才是即将来临的秩序”这种预感。

如果这 20 位建筑师的住宅方案能在同一个地块中形成，届时，将成为能清楚展现 20 世纪到 21 世纪住宅原理演变的新实验场。光想到在中国台湾东北角的美丽景观里，将会出现这些住宅，就让我充满期待而雀跃不已。

伊東豊雄

台北的下一代基因

Next-Gene of Taipei

周锡玮 Hsi–Wei Chou

身为台北县县长，我十分高兴看到中国台湾第一次的国际建筑集体创作能在台北县澳底诞生。本计划邀请了二十位中国台湾境外及本土知名建筑师，包括日本隈研吾、荷兰 MVRDV 以及哈佛大学及麻省理工学院两大建筑系主任的参与，我相信这次的计划不仅是台北县迈向国际建筑的一刻，也是中国台湾历史上真正与世界建筑史接轨的一刻。

台北已经是世界重要的大都会城市之一，但是在 21 世纪的今天，我们更乐于见到像"澳底国际建筑计划"这样的发展；其中蕴含的是三个重要的意义与机会。首先是"城市竞争力"，台北要能在世界众多城市竞争中脱颖而出，甚至面对亚洲各大城市如北京、上海的严峻挑战，我认为最重要的就是台北市和台北县通力合作——台北市以都市文明与商业竞争为目标，台北县则以休闲文化与观光产业为视野，县市必须彼此以国际化的远见相互支持、共同发展。台北县有了澳底国际建筑计划的国际观，定能为中国台湾激荡出"高竞争力"的下一代台北新建筑。

第二项意义与机会是"可持续发展环境"。20 世纪时，人类为求生存而发展工业，并且忽略了环境、甚至破坏了环境，而建筑物经常就在大量制造与人定胜天的盲点下，破坏了我们赖以维生的自然环境。然而，时至今日，生态与山林已经岌岌可危，只能期待有创新思维的建筑来看护它们。特别是东北角国家级风景区的山与海，是中国台湾最壮丽的山水，更需要如建筑大师赖特所说的，"能真地从土地长出来的建筑"。在澳底国际建筑计划中，各建筑师所强调的"大地建筑"，相信会是下一代人类建筑发展的新目标。

第三项重要的意义与机会，是"文化创意"。艺术的建筑与城市在西方早已深入人心，但在东方则是个新的课题；如何在都市空间中注入文化艺术的创意，已经成为新世纪领导人的使命。台北县希望能在山水与传统中，培养从事文化与艺术的创意产业，其中，发自心灵并与环境共生的建筑，就是我们台北县要为中国台湾与亚洲重新启动的下一代创意。

因为这些想法，我很高兴这二十位建筑师能在吕台年董事长与刘育东教授的策划和邀请下前来台北县，和我们共创下一代生活与下一代环境。这正是我们要不断追求的下一代思维、下一代的基因。

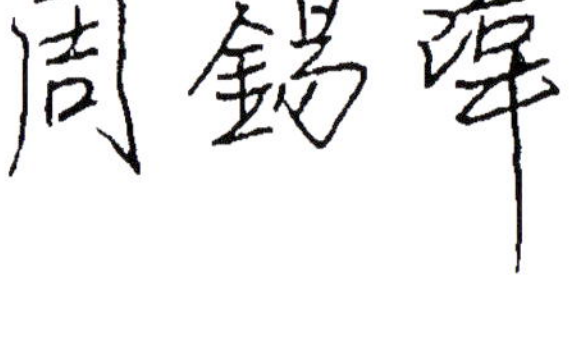

中国台湾的国际建筑博览会

International Architecture Exposition of Taiwan, China

吕台年 Tai-Nien Lu

身为中国台湾建筑人，本着对建筑文化艺术的热情，
一直以来，我们不断等待、努力，
期望能为中国台湾地区的建筑争取站上国际舞台的机会……

没有尝试，就没有机会

长久以来，中国台湾的建筑在世界建筑史上始终位居边陲，然而中国台湾的声音是不应该被忽略的。那么，究竟为什么没有人带领中国台湾建筑迈向国际？

因此，让中国台湾地区拥有属于我们自己的建筑集体创作，或许就是能够将中国台湾建筑推向国际舞台的第一步。在拟定了这样的目标之后，我与刘育东教授就开始不断地讨论、思考，该以什么样的规格，突显这项在中国台湾前所未有的计划，并且能与以往的建筑集体创作有所区别。

于是，我们订下了邀请二十位中国台湾内外知名建筑师一同参与这个非常具有挑战性的目标。"十加十"的构想,一方面是为了让中国台湾内外的建筑师人数相当，以兼顾建筑设计的国际性与本土性；另一方面，则是希望借由这个机会，能将中国台湾本土建筑师提升至与境外建筑师等高的地位。当然，收到邀请而前来参与的所有建筑师，全都是几经讨论才决定的时代精英！

Next-Gene 20——与大地共生的下一代建筑愿景

从事建筑业多年，我常常在想，大地与建筑到底存在着什么关系？当传统被新工艺取代、当自然被科技推翻、当大地被高楼覆盖，我们所留下的生存之地，除了一栋栋新颖锐利的建筑物外，还剩下些什么？难道，在建筑扎根的同时，大地就注定要走向消亡的命运吗？难道，在建筑竞走的地平线上，容不下土地一丝存活的气息吗？

有鉴于此，结合自然环境、与大地融合的建筑特性，应该要成为未来我们对居住环境的基本需求。因此，我们将这次的建筑计划取名为"Next-Gene 20 国际建筑博览会"，意指我们要从探讨未来的生活模式出发；而 20 指的就是这二十位中国台湾境内外的建筑大师与团队。我们期待这次的计划，能让这些境内外建筑师，一同在这块美丽的基地上挥洒创意，并且为下一代的建筑模式立下范例。

排除万难——邀集 20 位中国台湾境内外建筑师同场竞技

所谓万事开头难，在这个计划中最困难、也最具挑战性的部分，就是邀请中国台湾境内外 20 位建筑师的过程。或许是受到我们对建筑的理想以及对中国台湾的使命所打动，当这 20 位在建筑艺术领域各自拥有高度地位和知名度的建筑大师与团队，亲临基地现场、也看见所有受邀名单之后，都表达了他们深深的感动。在 2007 年

12 月，我与刘育东教授又进行了礼貌性的回访，那场“一天一国、五天五国”之旅，更加让国际建筑师感受到我们的用心与热情。

捷年建设团队在这次计划中的主要角色，是打造一座好的舞台，供大师们尽情发挥、互相激荡创意。期待在中国台湾境内外建筑大师与团队的互动之中，能够将中国台湾境内建筑师的理念与作品推向国际，同时也将境外建筑大师与团队的先进思维与想法，和中国台湾境内建筑业界分享。

突破困境——让中国台湾建筑向国际发声

在许多机缘巧合之下，这项计划所需的人、事、时、地、物才紧密结合了起来。由捷年集团筹组、位于东北角国家风景区内的“Next–Gene 20 国际建筑博览会”计划，终于在 2007 年正式启动。

在诸多媒体报导与各界瞩目之下，这项计划已然为中国台湾及国际建筑史写下新页。对我个人而言，计划的启动是承担责任的开始，而我也有绝对的信心来执行本计划，并且完成身为计划开发人的使命。

我们何其荣幸，得以将这项国际计划付诸实践，因此，团队中的所有成员一直秉持着战战兢兢如履薄冰的心情，来执行每一个步骤；同时，大家也不由得思考：我们究竟凭借的是什么，能让这 20 位中国台湾境内外建筑大师与团队如此信任我们？我想，或许就是大家对建筑的热情和执着吧！

真心地感谢中国台湾 10 位本土建筑师的情义相挺，也感谢中国台湾境外 10 位建筑名师到中国台湾来共襄盛举。这不仅是中国台湾的第一次，更是个难能可贵、非比寻常的经验。像这样的国际建筑计划，除了需要坚强的专业团队与执行团队合作无间，我们也需要更多的支持与回应，期盼能抛砖引玉，让更多人一齐探讨：我们能为下一代，提供什么样的居住环境？当然，更期待这项计划的进行，能激发中国台湾境内建筑同仁对于建筑艺术的重新思考和定位，也能让更多优秀的中国台湾地区建筑师能以此为基础，跃登国际舞台发光发热。

2008 年在澳底，一场与大地融合的建筑对话即将展开，在中国台湾诞生的下一代建筑基因，将要开创出下一代建筑的新思潮，也引领我们反璞归真、回归人类与自然的真情对话。

Next–Gene 计划开发人／捷年集团董事长

下一代基因二〇〇八

Next-Gene 2008

刘育东 Yu-Tung Liu

世界建筑史上的集体创作

1927 年，现代主义建筑大师密斯（Ludwig Mies van der Rohe）结合了论坛与博览会的双重形式，开始第一次当代建筑的“集体创作”。密斯在德国斯图加特的一块基地上，自己不把全部的住宅都设计完，而是策划了一场称为“白院住宅”的另类建筑博览会，邀集了各国知名建筑师，让处在相同新时代的他们，为了一个共同的主题（当时的主题是“新建筑”）、在同一块土地上，各做各的住宅设计、各想各的生活方式。

这种另类创作方式，原是为了解决第一次世界大战后，德国住宅紧缺和经济急剧恶化的问题，因此强调的是经济与实用。这项计划除了总主持人密斯之外，还邀请了柯布西耶（Le Corbusier）、格罗皮乌斯（Walter Gropius）等 17 位世界著名的建筑师，相互讨论、集体创作，后来成为世界建筑历史上的典范。

在密斯主持的“白院住宅”之后，欧美各地相继有这类“建筑表演场”的作品问世。直到近年，于荷兰阿姆斯特丹港边，在 West 8 建筑团队的总主持下，仍运用“集体创作”的智慧，让许许多多建筑师在共同的设计主题下，各自创造出属于自己的文化语汇、彼此融合，展现出荷兰对多元文化的涵融能力；这些案例不仅为荷兰的集合住宅创意提出了新的尝试，也呈现出新的设计风貌，更将影响到未来设计潮流的走向，极具历史意义与地位。

1982 年，日本建筑大师矶崎新（Arata Isozaki）也在亚洲策划“集体创作”，他在福冈香椎地区的“NEXUS”住宅计划，以“网络城市”的概念，推动了九州“点与点”之间的城市改造，以新的设计观，塑造了城市的新意象。矶崎新同样邀请到多位国际知名建筑师参与，包括荷兰的库哈斯（Rem Koolhaas）、美国的霍尔（Steven Holl）等人，在同一块土地上，各自设计一栋住宅；这样的创举，也同时引发了日本住宅设计的新风潮。

中国大陆也由张永和教授于 2000 年及 2004 年，在北京先后主持“长城脚下的公社”及“运河边上的院子”两项计划，分别邀请了十多位亚洲建筑师共同参与。

中国台湾的第一次

如今，中国台湾地区也终于有机会与世界建筑史联结，开始属于我们的第一次国际集体创作——澳底大地建筑国际计划。这项计划由年轻的吕台年先生发起，委托我担任总主持人，邀请十位知名中国台湾境外建筑师和十位知名中国台湾本土建筑师，在同一块土地上直接对话；依例，各做各的住宅设计、各想各的生活方式［许多人称它为“另类建筑论坛”，我爱称它为“活的展览馆”（Live Museum）；简学义最妙，直接说是“建筑 PK 赛”］。

为什么我会称吕台年先生为“计划开发人”呢？因为 Next-Gene 这种另类展览形式，其实就像一场“影展”一样——业主扮演的是“制片”，我也就像“导演”，二十位建筑师则是受邀前来领衔主演的“男女主角”了。

2007 年 5 月 9 日，一个经由好友龚书章介绍认识的电话，开启了我和 Next-Gene（下一代基因）的第一次接触。计划开发人吕台年先生邀请我，务必担任“独立总主持人”的工作；这让我陷入深度的思考，因为这类国际建筑集体创作的成败，或许由总主持人一肩扛起，但开发人如何扮演“业主”的角色，更是影响成果的关键因素。尤其，我和吕台年先生当时并不认识。

在与吕台年先生通完电话之后，我开始向建筑界的好友一一征询（如果这个计划真的有机会执行的话，他们都是我心中必邀的建筑师），我一直问：“这个业主为什么要花这么多钱来办国际集体创作？”“他真的热爱建筑文化艺术吗？”“他的经营团队有国际事务经验吗？”“他邀请的营造团队有国际经验与施工水准吗？”甚至直接到“他的财力够吗？”

纯属巧合

从 5 月 9 日到 5 月 24 日之间，我陆续约了龚书章、曾成德、姚仁喜、邱文杰、杨家凯、简学义等人，针对这样的国际交流与对话，能为中国台湾建筑界所带来的正面影响，以及上述的种种疑虑，反复讨论。多亏了这几位好友的建议与分析，让我深信，我们就是需要这样正面的力量，才能有更多的机会让中国台湾地区建筑进入国际舞台，进而对建筑教育有更深远、长久的影响。

我深思了几天，突然决定要再约吕台年先生最后谈一次，倘若万事俱备，就卷起袖子来做，否则，就决定不做。第二天，5 月 24 日上午 11 点的会面，我终于松口，答应担任总主持人。签完备忘录的那一刻，吕董事长竟掏出身份证，告诉我：“刘教授，如果你还是不答应，我打算拿出身份证，拜托你答应，就算是送我一份生日礼物。”他的生日，5 月 24 日。那一天的巧合，我认为纯属“巧合”。

既然答应了主持的工作，我随即和我的多年好友龚书章建筑师，组成了一个团队，进行总规划（master plan）。经过我们详细的勘察基地后，发现除了太平洋与雪山山脉外，这个基地之中还有两大天然元素——森林和湖水；因此，我们想要探讨这两者之间的关系，进而提出“双核心”（dual core）的概念，强调以“森林核心”和“湖水核心”作为规划的起点。

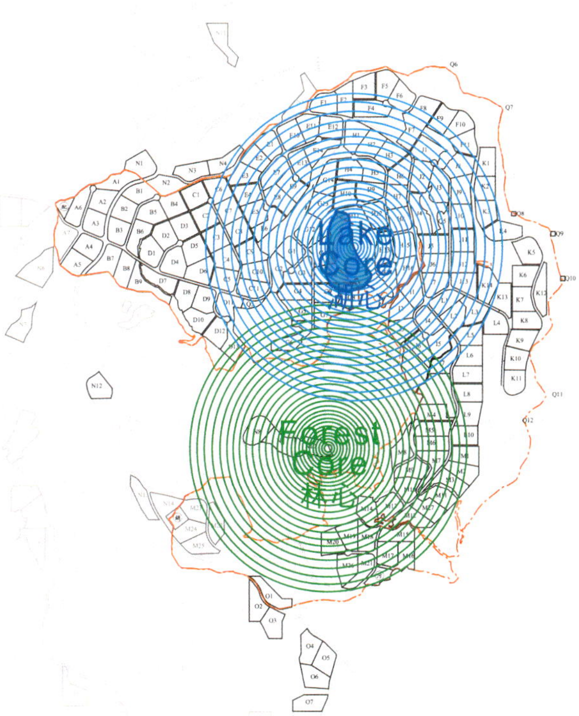

另外，这块位于中国台湾东北角的基地，实在是太漂亮了，有大山大水，我们就是要在这样美丽的大地上创作，我们要做的是大地，而非人造物。吕台年先生提到：“大地就像是红花，建筑是绿叶。美丽的红花，也惟有绿叶的陪衬，才能更显红花的娇媚。”建筑大师安藤忠雄也经常说：“过去，建筑是人造物，经常破坏自然环境。”因此，我们此时必须谨慎思考并且严肃面对：建筑应如何与土地相互搭配、建筑应如何与大地融合为一、建筑应如何成为大地的一部分。建筑就是大地。

中国台湾的困境与机会

接下来，要开始烦恼的是该邀请哪几位建筑师来“PK”了。这是一个繁琐但十分重要的阶段，建筑师的邀请、建筑师的联系、建筑师来台开会、建筑师勘察基地等等，不是大费周折，就是困难重重。而且，要有十个境外建筑师名字，十分简单，因为各国都有一大堆正等着受邀到国外的建筑师；然而要能邀请到这么多国际知名建筑师，就很难了——他们都是国际杂志的常客，想必不缺国际建筑方案，也不缺好的建筑方案，他们应该不想大老远地飞到台湾来冒险，尤其是只有一栋住宅这么小的设计方案。

于是，我先邀请了七位知名的国际顾问，包括建筑大师安藤忠雄、伊东丰雄、扎哈·哈迪德，以及建筑评论家，日本《A+U》杂志总编辑 Nobuyuki Yoshida、意大利策展人 Marco Brizzi、西班牙评论家 Alicia Yeste、韩国《Archiworld》杂志资深编辑 Lily Choi 等，多方推荐各国杰出的建筑师名单后，再由我独立考虑，正式邀请。

境外十位，以亚、欧、美三洲为思考方向，邀请了日本的隈研吾（Kengo Kuma）、平田晃久（Akihisa Hirata）、韩国的徐惠林（Hailim Suh）；美国有两位，分别是来自日本的哈佛大学建筑系主任森俊子（Toshiko Mori），以及来自中国大陆的麻省理工学院建筑系主任张永和（Yong He Zhang）；欧洲方面，则有荷兰建筑团队MVRDV、意大利建筑团队IaN+、西班牙Fernando Menis、德国建筑团队GRAFT，以及北欧丹麦的Julien De Smedt（原PLOT团队成员）。中国台湾十位，则邀请龚书章、曾成德、姚仁喜、邱文杰、杨家凯、简学义、黄宏辉、陈瑞宪、黄声远，还有我本人。十加十，二十人"集体创作"。

邀请过程中，其实很感谢几位建筑师的信任，张永和教授和森俊子教授，收到我发出邀请的邮件后便立即答应，并表示十分高兴中国台湾地区能主办这样高水平的国际建筑艺术活动。这给了我很大的鼓舞，代表这些国际名家对Next-Gene的正面肯定，也是对我的信任。另外，对隈研吾先生的邀请，则是我亲自约吕台年先生一起带着A4基地模型，飞到东京与他会面才敲定；隈研吾相当忙碌，当天只有半小时能与我们讨论，但在见面的几分钟之内，他没有多加考虑，便立即答应加入。

而MVRDV也是，同样由我亲自跑荷兰去拜托。我先传计划书，他们表达了很高的兴趣，但还没决定是否加入，因此，我决定再带着那A4"活动式"模型前往，给他们临门一脚。当我到了鹿特丹时，三位主持人中的两位，Jacob与Nathalie亲自接待，我们谈得非常愉快，他们当场答应参与。到美国新奥尔良参加大水重建会议而临时赶不回来的Winy Maas（三位主持人中的主要负责人），则在我临上飞机要离开荷兰的前一刻，特地来电告诉我，能参与这个中国台湾地区第一次的案例是他们的荣幸，希望能亲自与我见面谈谈。可惜当时我已在机场，所以没有见到面，但MVRDV对我个人和Next-Gene的尊重，让我有了更多的动力。

在邀请的过程中，当然不会只有顺遂。我也曾被想要邀请的国际建筑师婉拒过；即使是后来答应要加入的国际建筑师，也都曾提出种种疑虑。我同意担任总主持人以前想到的那些问题，一一浮现。除了必须表现出我的诚意和信心来说服大家以外，我甚至也向大家打保票："我也是中国台湾地区的十位参加者之一"，因此能体会大家心中的疑虑。终于，他们陆续同意加入。

当这些问题一一解决，以往只能在国际杂志上看到的知名建筑师，竟一位一位都要来中国台湾，和我们自己的建筑师一起做设计，一次十位，百家争鸣。看着Next-Gene渐渐成型，那些辛苦与辛酸，也就都忘了。

选地 PK

Next-Gene 这个计划分为“联合区”及“二十分区”两种区块，共 176 户。位在基地入口处的“联合区”，由 20 位中国台湾境内外建筑师每人设计一栋住宅，一人一栋，让每个建筑师都来表演，一一对话。另外，“二十分区”部分，则由每位建筑师各自设计一区，深入探讨建筑与大地之间的关系。因此，考虑了整个计划的时间表以及总规划的进行，我必须让每位建筑师在来台参加第一次会议以前，就先选好自己的地块——自己的舞台。

过去集体创作在选地时，通常有几种模式：第一，由总主持人决定，各建筑师就接受或者私下交换；第二，抽签；第三，采用“先到先赢”的模式，依建筑师看基地的次序，先来先选。当然，这些方式都有些不尽如人意之处，永远会有人得到自己“不满意”的地块。因此，为了让大家都能选到自己“满意”的基地，我采用了第四种模式，“乐透”（lottery）：让每位建筑师在选地块的时候，先列出最喜欢的前三名，以及最不想得到的三个区，然后，我再汇整所有人的选择，尽量将每块基地都分给对它们的“满意”度为前三名的主人，而绝不会分给建筑师他们“不满意”的地块。

在选地过程中，也发生了一些趣事。如 GRAFT 团队在圈选基地的时候，很用心地把每一个基地选择的原因，很详细地写出理由，希望能为他们选择的基地，争取我更多的认同。另外，森俊子女士更是把她所有的信赖托付给我；事实上，所有境外建筑师当时都还没到现场看过基地，该如何挑选最好的基地，其实有一定的难度与风险。因此，我认为森俊子建筑师真的很有智慧，她选择了信任我这个几乎非常熟悉基地的人，要我帮她选。既然她给了我信任，我当然还以她信任。

当然，后来所有建筑师看到现场山峦起伏的基地后，毕竟和纸上有很大的落差，因而不免升起想换基地的想法，我也很热情地开放自己的地块和他们交换。只是，不管怎么换，我的基地永远有人询问、永远有人对我的基地感兴趣，这也就是吕台年先生当初的想法：“我认为这片大地上，每一块地，都是好地，都是一块独一无二的宝地。”

再次巧合

从 9 月 30 日到 10 月 30 日，为了配合十位境外建筑师的来台时间，我们只得安排出五个梯次，让境内外建筑师分组讨论设计、进行对话，并且亲赴现场勘察基地。每一次的境外建筑师来台，他们与基地的互动，都能轻易地捕捉到一瞬动人的画面，也都值得书写出一篇感人的故事。

例如，西班牙建筑师 Menis 来中国台湾，不仅仅是停留一两天看基地并讨论设计想法，而是事先就从资料中圈选出能全面了解中国台湾地区文化与地理特色的许多地方——迪化街、101 大楼、中国台湾传统庭园、东北角海岸等等。最让我惊讶的是，当 Menis 来到基地上，看到令人赞叹的大地时，因为基地太大，其他建筑师都仍搭车到自己地块再下，但 Menis 立刻下车，坚持必须用双脚走完全部的大基地，花了整整一天。

意大利建筑师 Luca 与 Carmelo 为了能联系意大利传统别墅与中国台湾地区传统住宅的关系，特别要求去看龙山寺，以便深刻了解两地文化的相同与差异。隈研吾以其“大师风范”去看基地，原先已做好一个概念模型，准备给守候的电视媒体拍摄，但当他一站在辽阔的基地上，就向我说“基地比想像中漂亮好多”，还立刻问我“模型可不可以下次再给电视台？”他竟然将熬夜做好的设计模型当场放弃，就因为基地太好。这就是大师风范。

吕台年先生送给了每一位来台建筑师一个“用过的马蹄铁”，他说得好：“每一位我们邀请的建筑师，都是中国台湾境内外的建筑名家，这些马蹄铁，就象征着他们经过历练、磨难后的成功。”

10 月 30 日是最后一个梯次的建筑师来台签约与看基地，那是与 MVRDV 反复敲定行程后才能决定的日期。那一天，签完约的那一刻，我们 Next-Gene 的第一步，终于完成，也才终于开始。5 月 24 日，我答应吕台年先生，那一天是他的生日，纯属巧合。10 月 30 日，大家签约算是答应我，这一天是我的生日，我认为，这是再一次的“巧合”。

大地建筑的变与不变

一个好的建筑计划除了要有好的设计概念外，最重要的，是要有一支好的执行团队。在细部设计与施工计划方面，中国台湾十位本土建筑师都有丰富的本土经验，但是境外的十位就需要优秀的“本土建筑师”（local architects）帮忙，才能将他们的设计创意，以中国台湾地区熟知的细部、结构、材料、工法、造价来执行。

这对我来说是个难题。我除了要安排二十组人的工作，还要安排另外十组本土建筑师来协助十位境外建筑师，而且要能找到建筑经验丰富、施工品质严格，再加上外语能力不错的十组本土建筑师，想了就怕。还好，我们中国台湾地区十位参加的朋友都一心一意地追求整体的国际品质，在老龚（龚书章建筑师）的提议下，“应该由我们中国台湾十人主动分配来担任他们的 Local，全区建筑品质才能确保”，就这样，在我一一拜托下，大部分中国台湾建筑师除了赶自己的设计外，都“半推半就”

地答应“委身”再做 1 ～ 2 位境外建筑师的本土执行建筑师。

另外值得一提的是，建筑愈有创意，房子就愈难建造。我们这里有的是全世界创造力最高的建筑师，但还需要远远超过中国台湾地区目前营建水平的“营建管理”与“营建施工”两大团队，才能把好的“纸上建筑”落实为“好建筑”。为了这个艰辛的后续工作，我向台年推荐了拥有兴建远企大楼实践经验的夏涵人先生，并在他的主持下，组成了庞大而又经验丰富的工程顾问团队。而后台年更认真地一一拜访在中国台湾地区的几家日本营造公司，再三拜托他们来承揽这些“规模不大”但“难度极大”的工程，因为只有他们的世界级营建水准，才能为我们把“下一代基因”落实为“下一代住宅”。

有了难得的建筑机会、难得的国际组合、难得的营建团队后，接下来的重点就是“时代的主题”。由于基地位在台北县依山面海的大地上，这个让意大利人都直呼像地中海庄园的建筑计划，我满脑子想的命题都是：新一代的居住环境与生活风格（The next-generation living environment and life style）、“急速改变”与“永恒不变”（dramatically-changed vs. un-changed）、“人造环境”与“自然环境”（man-made environment vs. natural environment）、“建筑”与“土地”（architecture vs. land）。于是，这个“国际建筑博览会”的“集体创作”，自 2007 年 5 月筹划、10 月开始设计、2008 年 6 月第一阶段设计完成，自然而然地，我在中国台湾境内外都爱叫它“下一代基因—— 大地建筑的变与不变”（Next-Gene：Changed and Unchanged Architecture on Grand Land）。

关于 Next-Gene 变与不变的建筑故事，到 2008 年，已经写了一半，就快写完了。

Next-Gene 独立总主持人

对话 1/10

隈研吾 Kengo Kuma

陈瑞宪 Ray Chen

隈研吾 Kengo Kuma · 陈瑞宪 Ray Chen

对话 1/10

隈研吾 Kengo Kuma·陈瑞宪 Ray Chen

刘育东（以下简称刘）——想分别请教来自日本与中国台湾的两位杰出建筑师，根据您对整个建筑圈的观察，当代最关键的建筑议题是什么？

隈研吾（以下简称隈研）——不论是都市设计（urban design）、景观（landscape）设计或是建筑与产品设计（product design）等等，将它们的关系以直线串起之后，我们找不到其间联系与解决的方式。这些都可以让人感受到，有如20世纪流派的直线型社会构成的反映。

陈瑞宪（以下简称陈）——对我来说，科技的进步在现代建筑的发展上如同一把双刃剑，当现代人可以轻易解决环境舒适及生活功能的问题时，往往就忘了好的空间可以带给人们什么样的感动。

我经常到处旅行，除了去观察最新落成的现代建筑外，我也很喜欢去拜访京都的老房子与中国的一些古庙；这些古老的空间常常提醒着我，什么才是真正的"好建筑"。另外，我觉得身为一位设计师，除了对于科技有追求的使命，同时也肩负着建立社会美学的责任。毕竟，当所有人都能用最新、最好的技术盖出房子时，我们应该要思考，究竟还能够从设计当中传达出什么其他的信息？

我认为建筑与景观的一体化，将会因应这片土地的发展而产生。

——隈研吾

刘——那么，以两位的观点，能否与我们分享，您认为下一代的建筑可能往什么样的方向发展？

隈研——我在上述第一个提问中，指出了应该消除设计的分裂状况，这种时候我们所需要的是批判精神。从批判的精神出发，我们才有可能将已经分裂了的事物，再一次串联起来。

陈——这是个很难的问题，我想可以分成两个层面来看。从技术面来说，未来的建筑物会愈来愈相像，因为当我们的大环境资源愈来愈少时，新的建筑物就必须进行检讨，并且利用新的建筑技术来降低成本，而所有人都会想要采用最好的科技，来做出最舒适的空间。

另一方面，我们必须理解到，由于所有从前必须努力去克服的本地气候与建筑材料来源等问题，如今大多已不存在了，因而设计者反而有更大的弹性，去表现他自己个人的风采，所以必须更明显地让建筑变成一个传达人文信息的介面。

刘——接下来，我想请两位谈谈，在您刚刚允诺接下澳底这个项目的邀请时，心里想的是什么？

隈研——在我的感觉里，现在的业主已逐渐意识到前面所说的这种直线型社会构成的问题，并且对此展开探究。所谓集体设计（group design），必须由集体成员伙伴之间相互交换信息，因此即使是独自进行设计工作，也经常会得到有趣的结果；这次的澳底计划就让我感觉到有那样的可能性。上回我在北京"长城脚下的公社"所进行的"竹屋"设计方案，也就是因为从计划中的其他工作伙伴那儿，得到了新刺激的结果。

陈——我个人的感受，首先是很高兴可以有这个机会来参与澳底的集体创作，另外就是这让我很认真地思考，究竟我想在这个项目里头表现什么？另一方面，我也十分好奇参与此方案的其他建筑师会做出怎样不同的设计。

刘——那么，当两位最初到澳底视察基地时，眼中看到的是什么样的景象？心里又想如何去诠释这个基地？

隈研——我感觉到这很像是中国台湾地区的景观计划，并且思考着应该怎样将这个想法建筑化。中国台湾与日本同为岛屿，地形开阔而且欣欣向荣地自由伸展。这种欣欣向荣地自由伸展的感觉，就是我想对建筑所做的诠释（interpret）。

陈——由于中国台湾地区地狭人稠，仅有少数的建筑师能有机会在这样的大型基地上建构自己心目中“没有业主要求的形式”的独户住宅。澳底这个基地很大，不像在城市当中设计住宅；另外，这里的每块基地都有自己的个性，彼此间的干扰也很小，整座基地就如同一座大型舞台一般。

刘——在这一次的设计当中，两位是如何去诠释“下一代基因 Next-Gene”这个创作主题？

隈研——我认为建筑与景观的一体化，或者说“暧昧”（ambiguity），将会因应这片土地的发展而产生。这并非客观的、雕塑式的建筑，而是建构一个景观般的建筑。

我认为这样的建筑必须与其毗邻的建筑能够轻易地取得协调。在我设计北京“长城脚下的公社”的“竹屋”时，也并未将基地进行任何人工修整，而是利用既有富于变化的地形，让建筑物景观化，避免这幢建筑与邻近的建筑设计产生冲突与混乱。

隈研吾 Kengo Kuma・陈瑞宪 Ray Chen

陈——对我来说，人要往前，得先了解自己的过去，才能有更新的展望，这是到了下一代或者下下一代也不会变的道理。

在设计上，我想用精确干净的线条，以及其他现代建筑师也一样会认同的工艺和材料，去诠释我想要表现的——充满东方味道的空间比例。

当所有人都能用最新、最好的技术盖出房子时，我们应该要思考，究竟还能够从设计当中传达出什么其他的信息？

—— 陈瑞宪

比起其他设计师的基地，我们分配到的建筑基地较为平坦，相形之下，建筑物就有比较方整而非线性的平面。我们让大平台朝向有景之处出挑延伸，很安静、但也很有张力。

至于这个案例，是不是真属于“集体创作”？我认为或许可以这么说：这是一个机会，让建筑师们可以展现自己的想法，也让非建筑界的人们有机会看到不同于一般人刻板印象中的住宅空间。

刘——这样的境界的确让人响往，那么再请教两位，此次在澳底设计的作品，与您之前的设计有什么主要的不同？

隈研——我这次的设计，虽然是延伸了以往的天窗设计（louver design），然而天窗与景观之间分界如此暧昧模糊的设计，却是以往所没有做过的，因此我才将这次的作品命名为“暧昧”。在这个项目里，我设计的倾斜屋顶中，有一部分是可以让人步行其上的，因此同时具有屋顶以及屋顶花园的双重特性，这，也是在这一次我首度尝试的。

陈——事实上，这个设计方案的本质与我其他项目的本质相差不大，所追求的美学也并没有很大的不同。但是能有机会近距离看到各个国际级建筑大师所用的材料、看到大家的作法与想法，倒是很不错。

刘——那么，可否请两位提一提，您如何让自己的作品，与基地上您的“邻居”建筑师的作品进行对话？

隈研——由于屋顶与景观的一体化，也就是“暧昧”关系，已经将建筑物本身景观化，因此我们已避开与周边设计所可能产生的冲突；我们一开始就

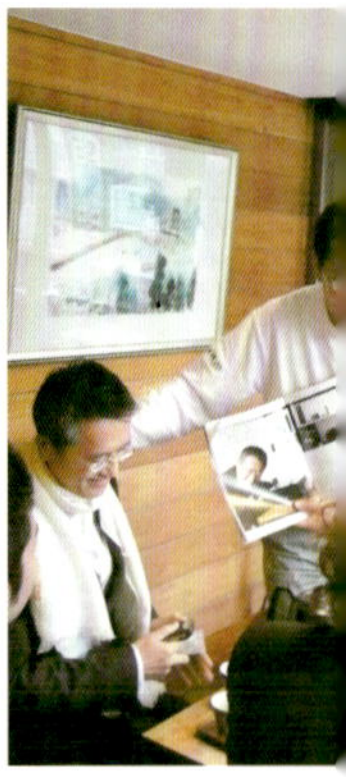

以取得协调为目标。关于屋顶与景观的一体化，有一点很重要的是，当由基地的低处看去时，必须感觉到屋顶也是低的，这也就意味着降低屋檐高度的必要性。

陈——我想业主原先设定这个项目的本意，应该不是让每个作品互相对谈；与其说这个计划是个"对谈"，倒不如说是一个机会，可以让每个舞者都在这个大舞台上展现自己。在澳底这里的每块基地上，建筑物都仅占各自基地面积的十分之一左右，屋与屋的距离很大，因此可说没有什么直接的干扰。

另外，在这次的计划当中，由于每位设计者都有自己的基地，而且是同时拿到题目后开始发挥的，所以并不需要互相牵制，或是在同一块基地上争取设计权。不过，当最后的结果展现出来时，自然就会产生有趣的对比或投射。

刘——最后，我想听听两位建筑师的经验。这种集体创作的形式，对你们来说，是感受到更大的压力？还是觉得更加有趣？

隈研——我不太喜欢一个人在孤立的环境中工作。即便在我自己的工作室，我也几乎不曾独自在书桌前工作，而是通常从与工作人员的对话之中产生种种想法。这次在澳底的项目也是这样，我在对话当中逐渐产生一些设计想法，这里头既有压力，同时也饶富乐趣。

陈——我自己倒是没有感觉到太大的压力，只是看到在相同的条件下、相同的题目，竟会有那么多种解题表现，这让我觉得非常有趣。这就好像虽然自己没有亲自动手做菜，但光是看别人各自做着拿手菜的过程，就觉得非常精彩！

隈研吾 / Kengo Kuma

暧昧
Aimai House

【House 01】

我一直在尝试把建筑与自然融为一体，因为相对于 20 世纪的建筑所要打造的是与自然对立的美感，到了 21 世纪，我认为必须从建筑与自然的融合中，发现自然之美。

使用的手法可以有三种：第一，利用屋顶、地板等水平式元素，采取水平的方式，将建筑与自然结合；我在 1995 年的作品，"水 / 玻璃"（Water / Glass）中，使用的就是这种方法。第二种方法，则是运用当地的自然素材，使建筑融入周边环境中；如 2000 年的作品"马头町广重美术馆"（Museum of Ando Hiroshige），以及 2006 年的"小憩广场"（Takanezawa Plaza），就是极具代表性的例子。

这次我所尝试的是第三种手法，也就是把建筑的轮廓变得模糊，让整座建筑物融入周围环境。然而，这种方式并不容易。即使运用了玻璃等透明材质，轮廓却依然存在，甚至更加坚硬得令人吃惊，根本无法使轮廓模糊化；而如果改用更为纤细的网格（mesh）材质，结果又使得建筑物内外不分，无法称之为建筑。

因此，这次我在屋顶上做出木制的屋顶天窗，以不规则的方式处理天窗的边缘，企图让整体散发出一股像云、霭、雾般的朦胧气息。

形象模糊的房子，住起来会是什么感觉、又会培养出何种个性的人？这也是我很有兴趣探讨的。我认为，人的生活本来就隐晦不明，很适合居住在模糊的轮廓里。

建筑设计 Kengo Kuma & Associates
结构顾问 Envision Engineering Consultants
机电顾问 Handar Engineering & Construction Inc.
本土建筑合作 陈瑞宪｜十月设计

基地面积 2610 m^2
建筑面积 260 m^2
总建筑面积 483 m^2
主体结构 SRC

隈研吾 Kengo Kuma | 暧昧 Aimai House |

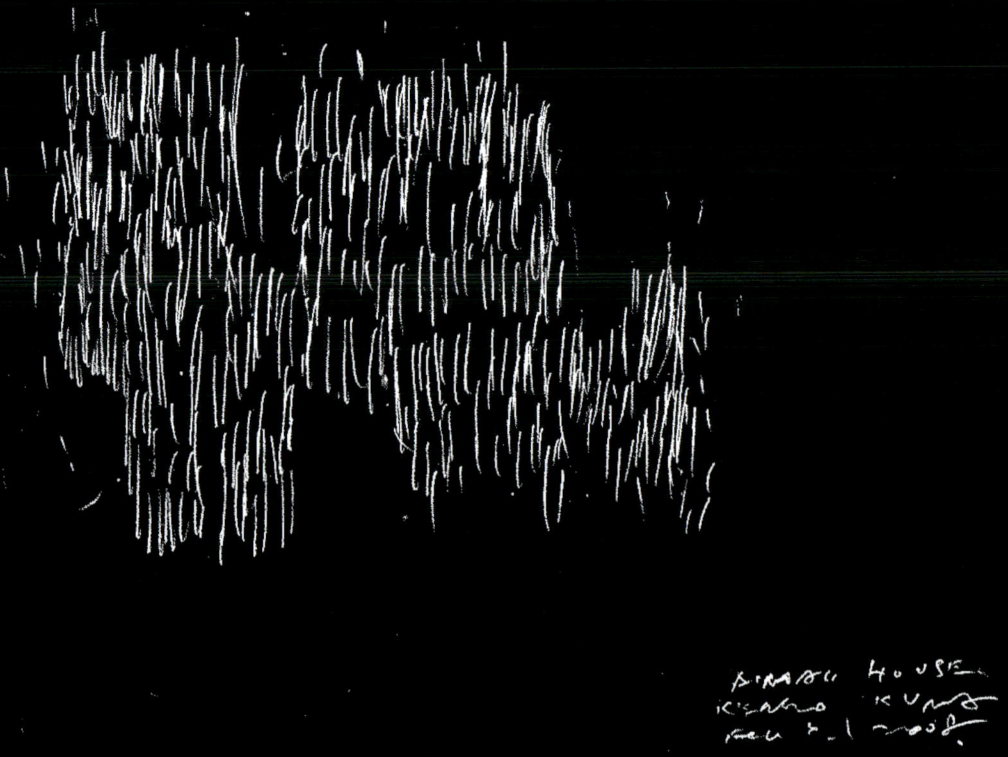

速写 Sketch

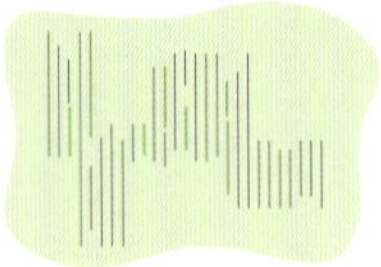

concept diagram: creating ambiguous boundary

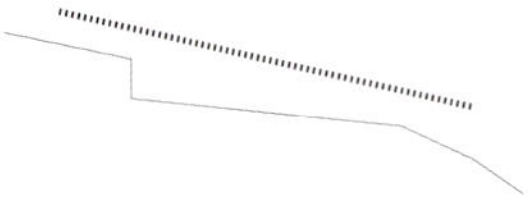

fitting to the landscape

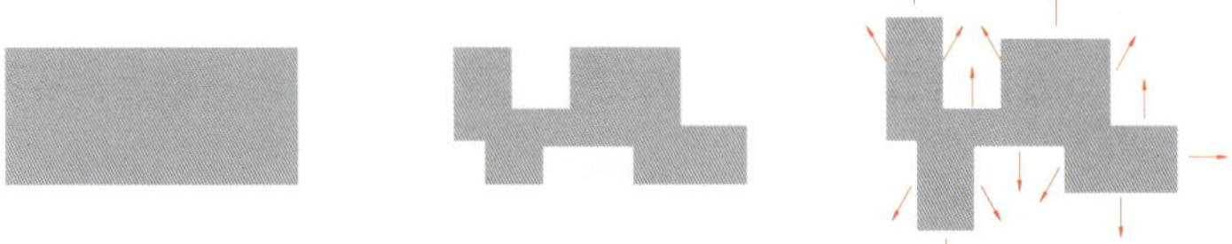

plan diagram: marging to the site and maxmizing views

图解 Diagram

隈研吾 Kengo Kuma | 暧昧 Aimai House |

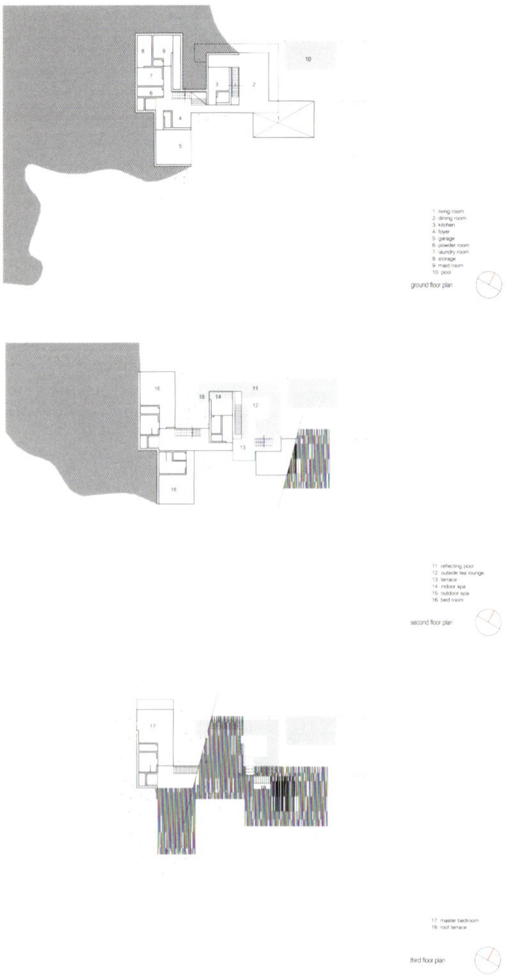

平面图 Plan

屋顶平面图 Roof plan

效果图 Rendering

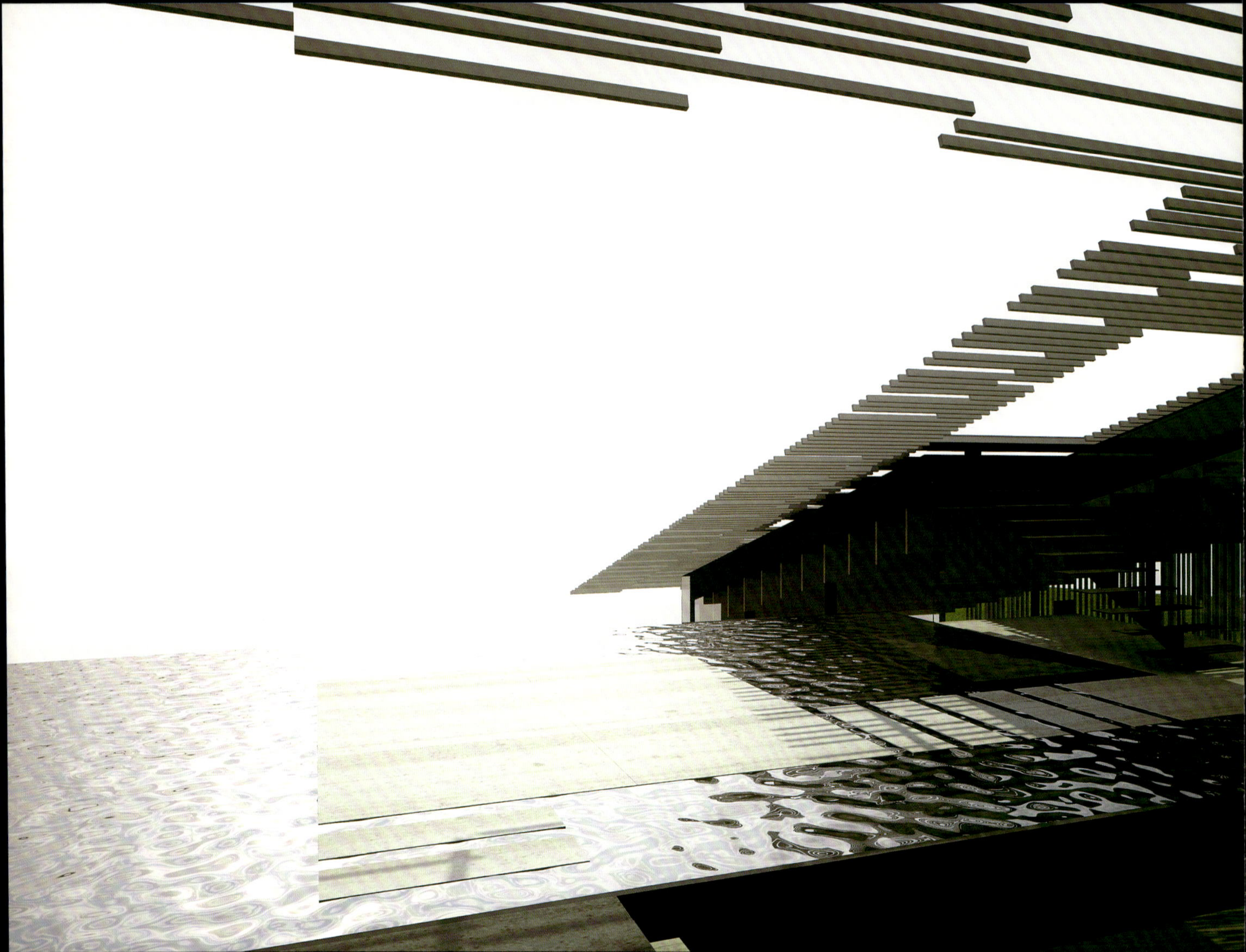

隈研吾 Kengo Kuma | **暧昧** Aimai House |

【Zone 01】

场地平面图

House & Zone 02

陈瑞宪/ Ray Chen

回院
Floating Courtyard

【house 02】

身为一个东方的建筑设计者，我常问我自己，想要创造什么样的空间？当建筑物在一个基地上呈现时，除了外在视觉上带给人们惊叹外，空间的使用者或居住者该会有什么样的体验？

回院是一个尝试用西方现代建筑手法，去创造出东方空间情境的建筑。居住者由狭小的回廊进入建筑物后，借由合院及水景的串连，一步步被导引到各个生活空间，最后在延伸出来的户外平台上，再次与壮丽的大地景观接触，让建筑空间经验由自省到开阔。

现代住宅因科技的进步，渐渐不再受限于传统建筑工艺的桎梏，电气化设备或其他高科技产品轻易地提供了创造舒适环境的对策。

然而，现代科技不应否定与取代所有过去的经验。若旧的事物不能积累，则一些美好的老东西也将无法传承，建筑就不再具有反映社会人文背景的功能，而沦为一种仅止于反映当地经济环境的标的物。

宋代文人在他们的诗词书画中追寻心中的桃花源，我也在这个基地上塑造我的乌托邦。

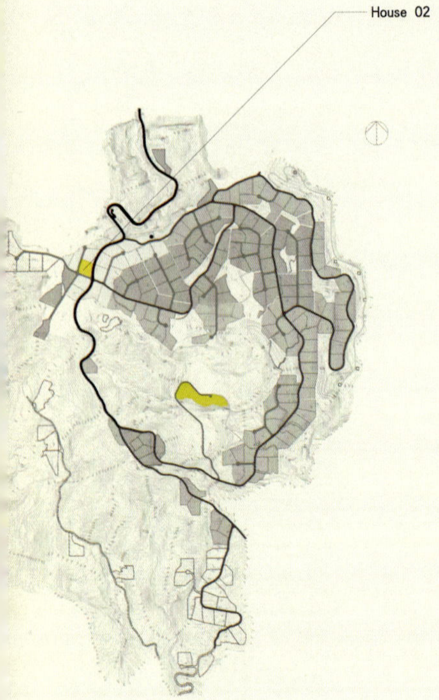

建筑设计 陈瑞宪｜十月设计
结构设计 筑远工程顾问有限公司
机电设计 汉达工程顾问有限公司

基地面积 2669 m^2
建筑面积 265 m^2
总建筑面积 676 m^2

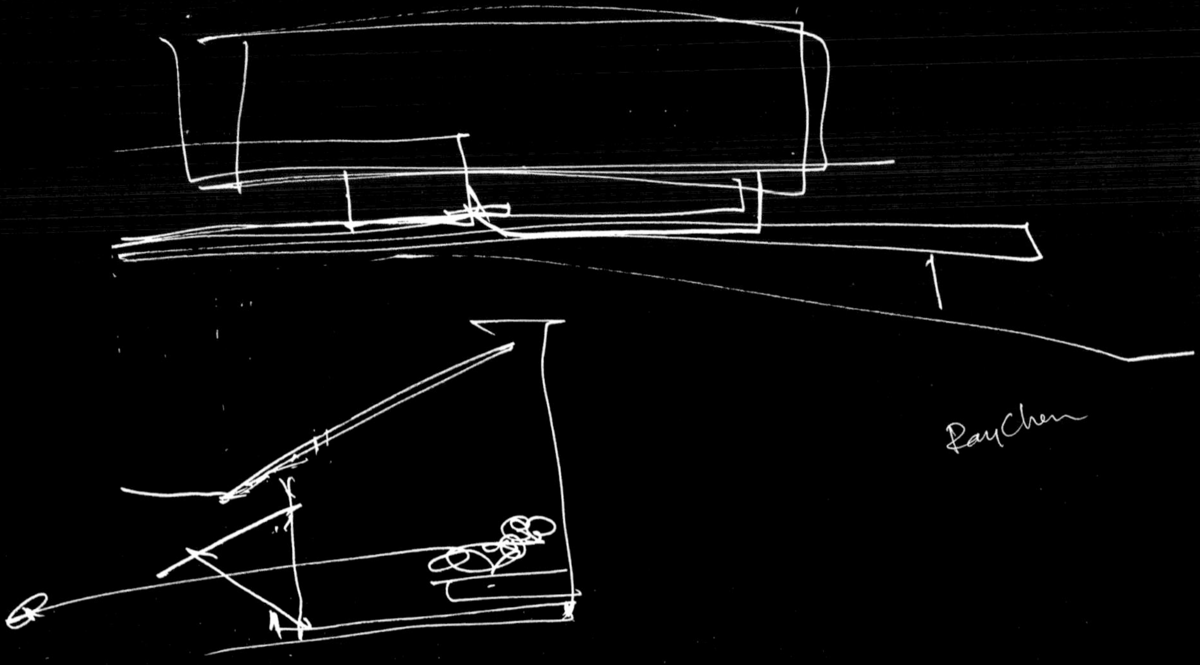

速写　Sketch

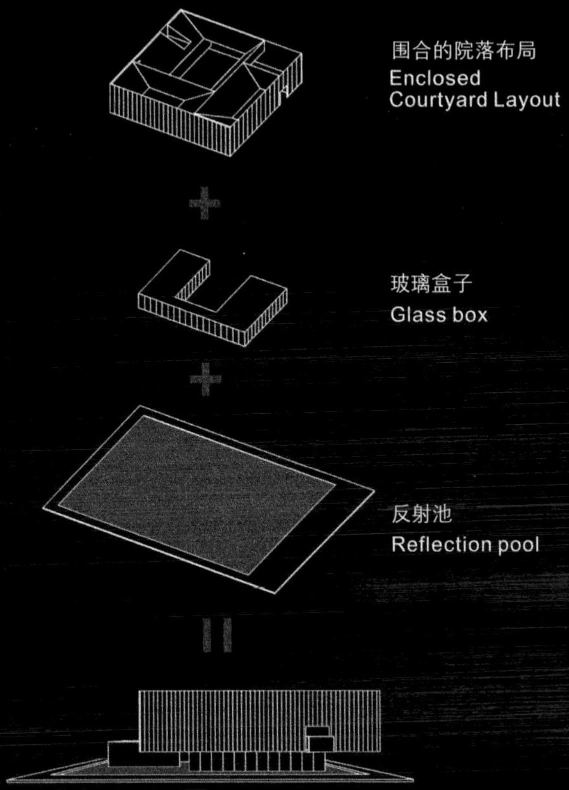

概念　Concept

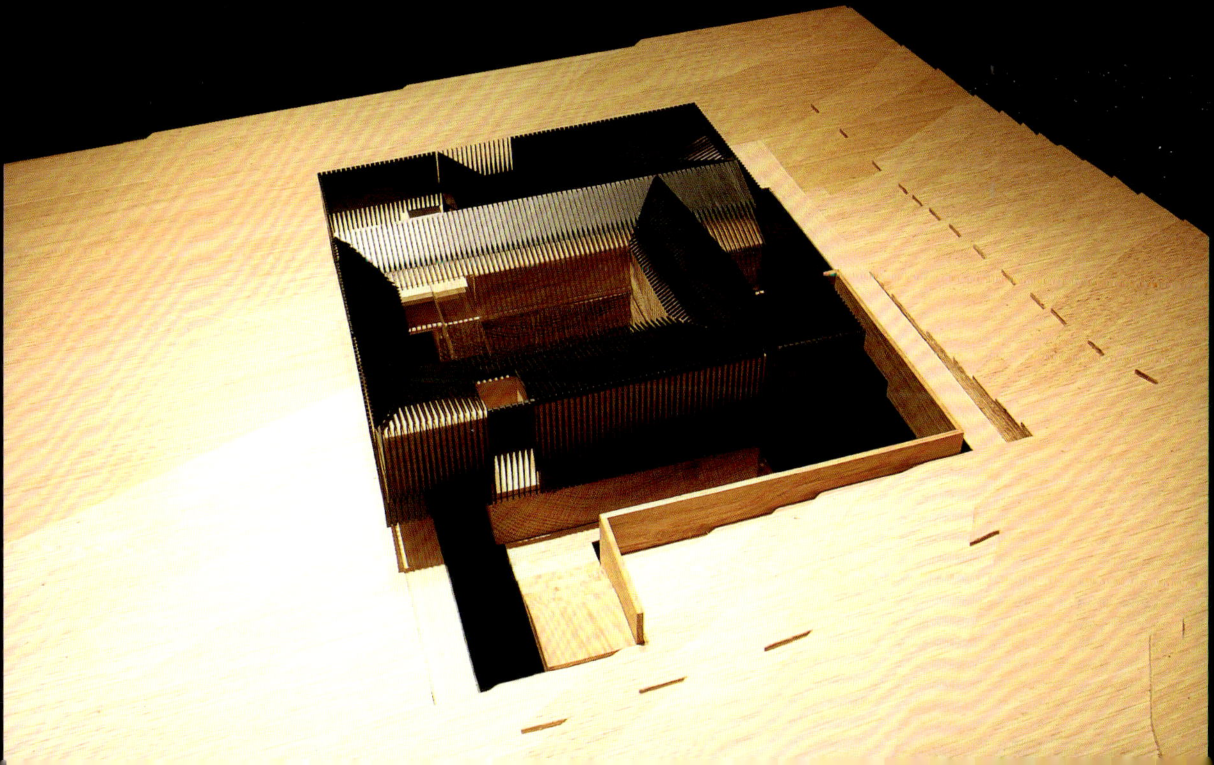

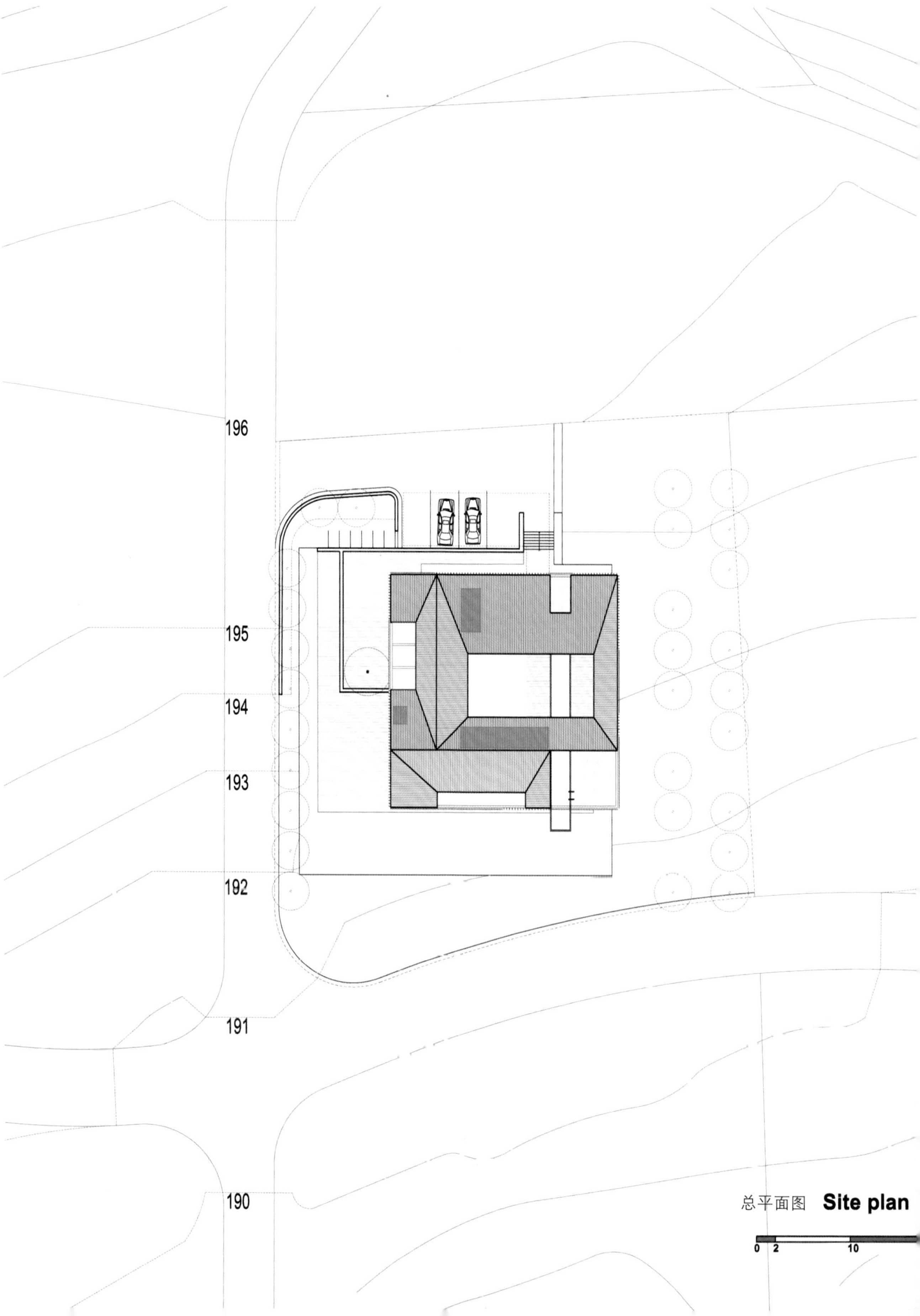

总平面图 **Site plan**

效果图 Rendering

室内 Interior

长屋
House of the Long Scroll

【Zone 02】

这块基地的地形狭长，位处整座大基地的最高点。为顺应地形，建筑物配置在基地的缓坡边侧，可以俯瞰西南侧的山谷，视野辽阔、景观壮丽。

参访者可由停车场顺着侧边水瀑步道引导向下，缓缓接近建筑物的入口；初时看不到四周景致，带有些神秘的色彩。直至进了主入口，一个大的观景平台，如山水画般的开阔视野映入眼帘。建筑物像卷轴般的由中间向两边延展开来，涵盖生活机能的实体空间配置在建筑物的两侧，借由中间水景掩映出的虚空间互相串连。

公共空间配置于建筑物一楼、面向陡坡，入口平台的左侧是客厅，右侧是餐厅。观景平台外是一池水，映照着大自然的景观。两座透明的玻璃水榭微微出挑于陡壁上方，置身其中如凌空浮于山谷之上，与自然融为一体。

二楼空间设有主卧室及两间客卧，由一长廊相连。其他服务空间配置于地下室，由建筑物最右端的楼梯进出。

居住者在简单的空间中生活、沉淀，俯瞰远山近水，怡然自得。

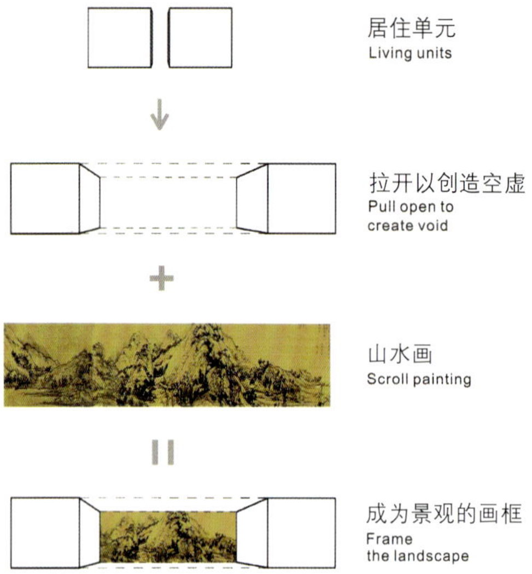

概念
Concept

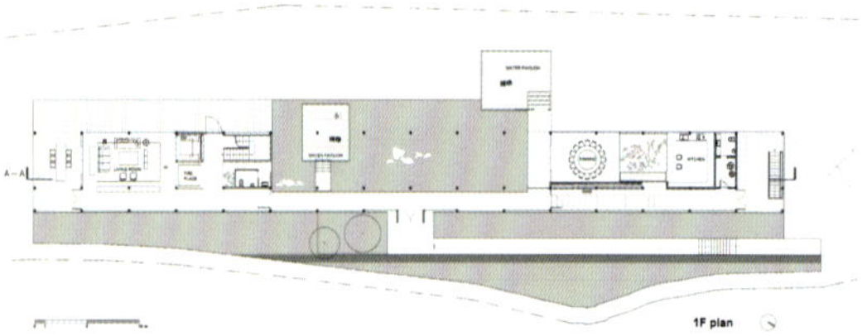

一层平面图
Plan 1F

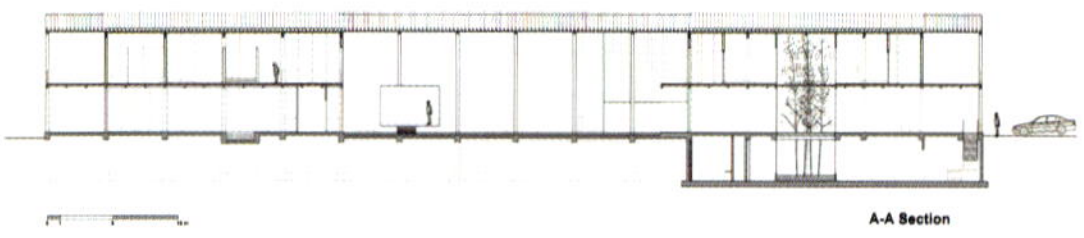

剖面图
Section

建筑设计 陈瑞宪 | 十月设计
结构设计 筑远工程顾问有限公司
机电设计 汉达工程顾问有限公司

基地面积 2504 m²
建筑面积 242 m²
总建筑面积 628.7 m²

室内 Interior

对话 2/10

MVRDV

刘育东 Yu-Tung Liu

MVRDV・刘育东 Yu-Tung Liu

对话 2／10

MVRDV・刘育东 Yu-Tung Liu

刘育东（以下简称刘）——我想先请问，在您的观察中，不论是地区性的、或者是全球性的建筑发展，目前最关键的课题是什么？

Winy Maas（MVRDV 主持建筑师之一，以下简称 MVRDV）——我们的这个时代，因为对宏观的视野感到害怕，所以绝大部分都只专注在较小的议题上头。原则上，我希望我们这一代或是下一代，能够对较大的建筑议题作出回应，展现出对建筑的热诚，去探讨建筑之于社会、政治、经济等各个层面的影响。而且，我希望我们不要停下来，不要再走回头路去专注在较小的议题上，整个社会也不要再因强大的外力而害怕去探讨这些大议题。

刘——那么，您认为在这次的计划中，将可能展现什么样给下一代的建筑趋向？

这次我们呼应大自然风貌的方式，其实是我们从来没有尝试过的，所以我们很用心地在进行观察。 —— Winy Maas / MVRDV

MVRDV——关于澳底这个计划，有个很棒的地方，就是可以“由小窥大”。因为澳底计划的尺度很小（smallness），我这里所指的“小”，意思是这些设计属于小型的住宅。所以，我们或许可以借此来探讨，看看小型的住宅设计，是否也能表达出开阔的观点。

这个项目不但与建筑师对下一代、对自然环境的省思（contemplation）息息相关，同时也与这些房子是否能够表达一些意念，至为攸关。

刘——当您决定要加入这次的集体创作计划时，心里想到的是哪些事情？

MVRDV——我一开始是抱持着很开放的想法，因为对于“下一代基因”这个命题极感兴趣，所以十分好奇这样的计划将会如何发展，也很期待能够出现一些沟通与对话的机会。

如今，我们已经看到一些作品，而沟通与对话的过程也已经展开，这是很棒的事情。也许这些过程会帮助整个计划变得更具体成形，也让大众都能看到我刚刚一直提到的，希望能够引出建筑大议题的这个方向。

刘——澳底这个基地离您自己的国家荷兰很远，当您初次造访澳底时，第一眼看到的是什么？看过基地之后，您觉得该怎样去诠释这个计划？

MVRDV——我对这个基地第一眼的印象，是这里的自然环境实在美极了，非常令人难忘！我马上就想要把这种美感加以扩大、凸显，希望能把注意力焦点都放在这种美感上头。

刘——那么，您这次在澳底的设计，将如何回应“Next-Gene 下一代基因”这个主题？

MVRDV——我想，这可以分成两个部分来看。首先，我们会想要聚焦在自然环境上，因为它本身就是一种“基因学”的表现，我们希望借此歌颂大自然的美感。

再来，我们很想与未来的可能住户进行“对话”。这也是为什么我们会提出把方盒子装进袋子里的概念——经过摇一摇、晃一晃的过程，我们可能就会得到一种随机堆叠的解决方案：将山丘、植被、楼板等元素经过一番组合之后，我们就会看到有着超大型窗户的箱型堆叠式住宅，很直接地面对着大自然的种种生物与景观。这也是我们此次设计的“基因”特质，我们希望以非常直接的方式来表现。

曾成德——我非常欣赏您对这个设计方案的直率处理手法。我研究过您从前在荷兰的乌特勒支双宅(Double Houses, Utrecht)、在德国的条码屋(Barcode Houses);而这一次,您设计了如同积木堆叠的箱宅(Boxes)与大型窗户,这与那些富有强烈典型性(archetype)、类型学(typology)特征的住宅前作比较,您会如何形容此次的作品?

MVRDV——在我们这次的作品中,这群像是村落的建筑,你可以在其中看到凹穴,显露出面向大自然的遮蔽空间。虽然目前我还不知道应该给这十一幢房子什么样的概称,不过我希望它们每一幢都是独一无二的。

刘——这次为澳底所做的设计,与您过去的作品,有没有什么主要的不同点或特色呢?

MVRDV——这是个很好的问题,我想很坦白地说,其实MVRDV的设计一直有些共同点,在不同的作品中延续下来。我的建筑师朋友扎哈·哈迪德(Zaha Hadid)就曾形容我是"喜欢设计盒子的家伙"(the boxy guy);不过,这次我们呼应大自然风貌的方式,其实是我们从来没有尝试过的,所以我们很用心地在进行观察。

观察,往往与学习的过程极为相关;当你提到了建筑的人议题,似乎就表示了你必须站在边缘,选择要不要当个提倡者。我不想搞得像彼得·埃森曼的作品那样抽象(笑),也不想弄得像波普艺术样,所以这当中有一条十分有趣的分界线在里头,需要仔细地去掌握。

刘——在这次的澳底计划中,有二十位建筑师在同一块土地上集体对话,里头包含了有形与无形的对话,而您是怎么跟您的邻居建筑师进行对话的?

MVRDV——当我们在事务所看着自己做出来的模型时,我们就在想,这件作品其实很容易就会成为典型的郊区住宅建筑。当然,这或多或少也是个事实;不过,我们采取了三个策略来进行改变:第一,我们不以围篱作为区隔,而是在中间穿插步道,让环境可以自然延伸,这或许是可以让设计脱离郊区住宅印象的手法,同时也将这片私人的块状土地巧妙地转为公共空间。

再来,我们尽量将建筑物推移集中至一侧,而不是置于基地中央;因为置中的做法,太过于类似一般的郊区住宅。这代表了当这些建筑之间的距离缩短后,可能会彼此挨近面对,但住户却能同时拥有较多面对大自然的空间,邻近建筑彼此之间也会有产生对话的可能。

第三项对待"邻居"的策略,就是我们干脆只专注于处理与大自然的关系,因此我们让建筑物彼此背对,没有直接的对话。

刘——这样的创作过程,对您来说是更有压力?更快乐一些?还是更能激发您的创造力?

MVRDV——我很喜欢这样的过程,不过我当然也会感觉到压力,因为我们是在彼此竞争(笑)。

我们刚刚稍微互相取笑了一下,而我认为彼此打趣,在创作的过程中也是很重要的,因为你必须作出决定,而你有可能会作出错误的决定,到时候你将必须为自己的决定作出辩护,借此让自己的设计变得愈来愈稳固强韧。

当我们知道彼此在做些什么之后,我们的互相取笑也会渐渐平和下来。就像我们所设计的这些玻璃盒了 样,我觉得这些过程也都是"下一代基因"的一部分——我们能够欣赏其他建筑师的设计,就如同开放的资源供人家任意参考,使我们能够借此共同进步。

观察者 | 家庭包 |

Observer the family (of) wraps

【house 03】

在澳底大地上，这让人期待的新式住宅拥有各式各样不同属性的空间单元，并由一层自由随意的表皮所包覆，塑造出任何可能的组合形式。随着住户的需求和基地条件，空间单元可以被重新“洗牌”或“摇晃”，使其在任何场合中皆能达到最理想的组合模式。

也因为单元与单元之间的区隔，使这如同村落般的空间环境生气蓬勃起来，不但赋予了每个空间单元不同的个性，并同时保有一个强大的整体；而这些隐晦空间所透露出的惊奇与惊艳，营造出极为丰富的空间表情，让人流连忘返。

另外，借由重组客厅周围的空间单元，营造出一种强大的集体姿态，而这些重组行为，也为巨大的观景窗保留了能够欣赏美丽景致的空间。不同的景色随着不同的基地条件被创造出来，也因此，我们可以俯视山谷，能够与山峦对望，更能与森林对话。

正如同每一个人都能指出的，身处在这澳底美丽大自然里的重要性。借此，也让人们能够更加了解且去发展，使澳底成为台湾的重要景点。

因此，它们以艺术品的“家族”姿态，坐落于这澳底的斜坡之上。

建筑设计 MVRDV | Winy Maas, Jacob van Rijs, Nathalie de Vries
设计团队 Hui-Hsin Liao 廖慧昕, Thomas Krarup, Noemie Cristobal, João Amaro, Renier Winkelaar, Marta Pozo Gil, Daniel Sautter, Jeremy Ehly, and Diana Ibanez Lopes.
本土建筑合作 曾成德 | CitiCrafts 建筑作坊

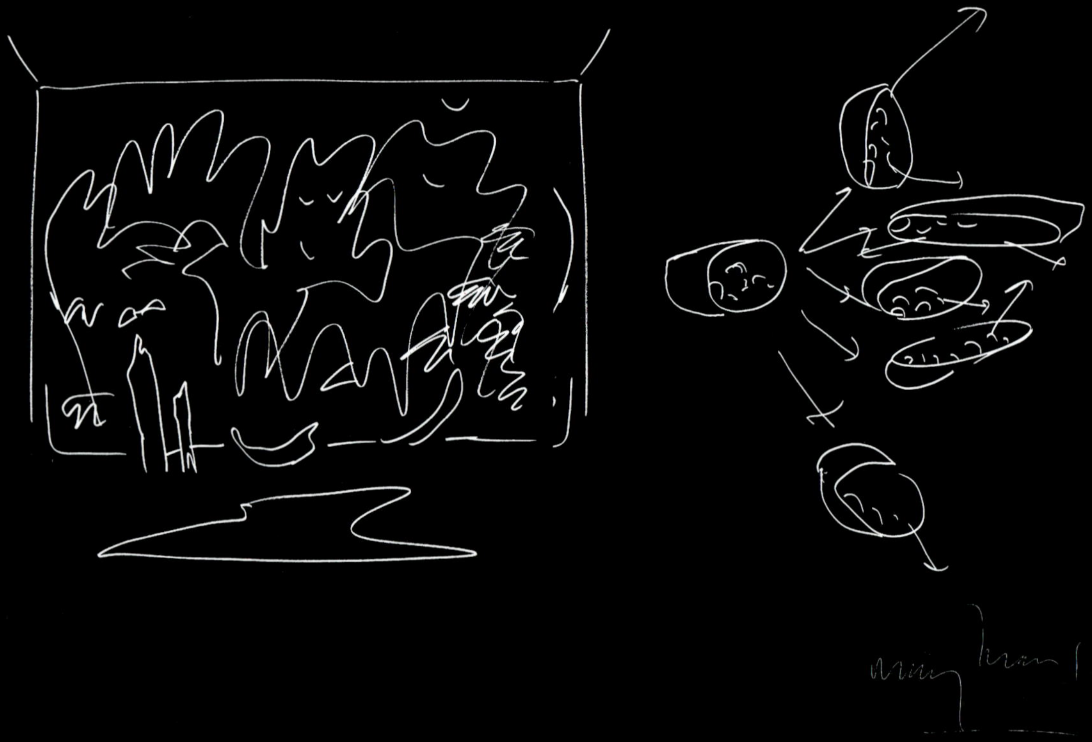

速写 Sketch

模型 Model

室内 Interior

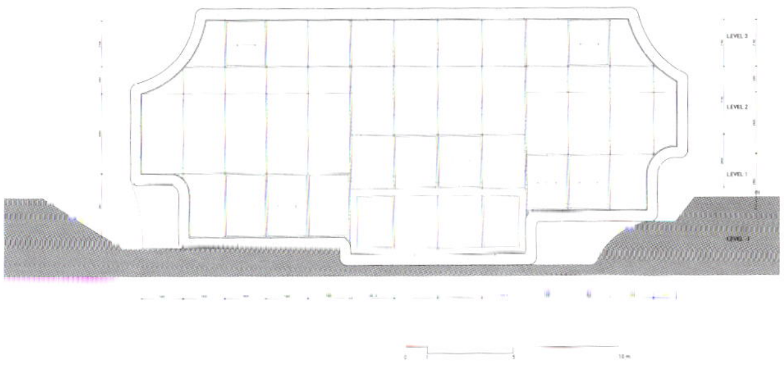

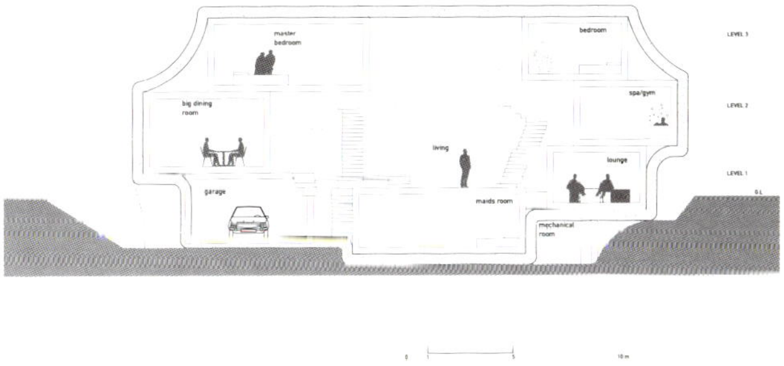

立面方案　Elevation program

室外 Exterior

效果图　Rendering

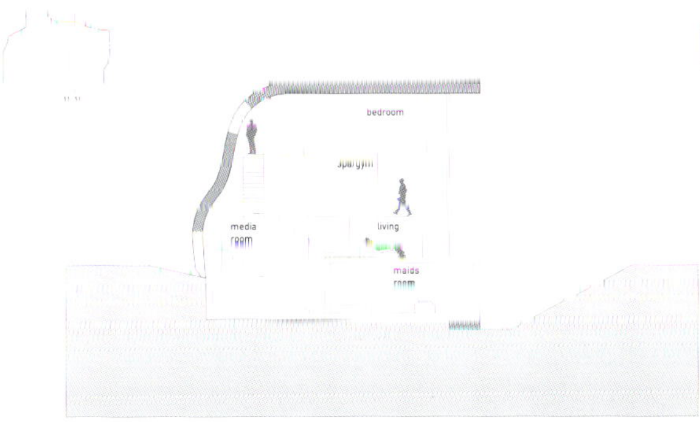

剖面 1　Section 1

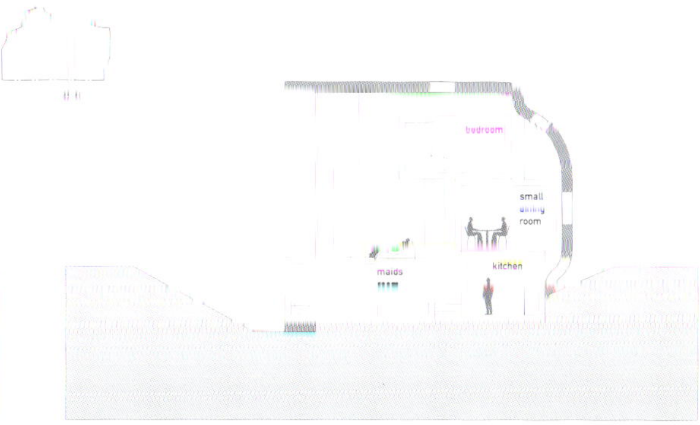

剖面 2　Section 2

【Zone 03】

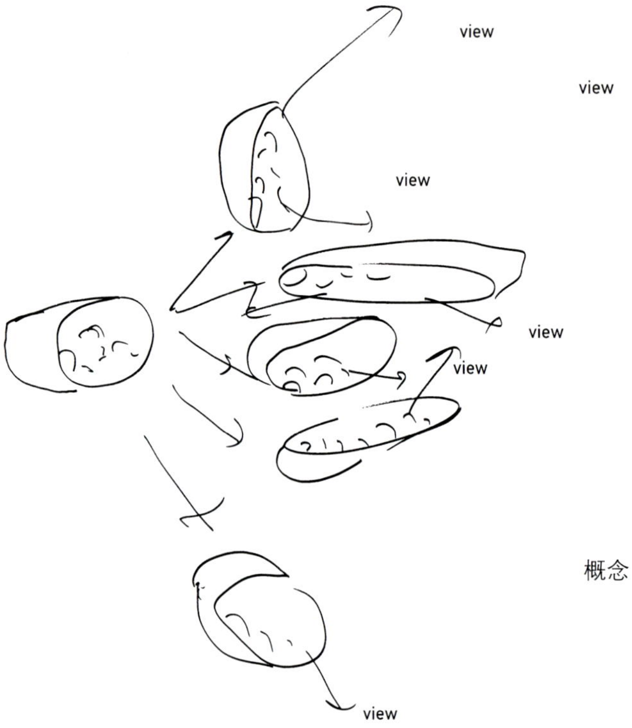

概念 Concept

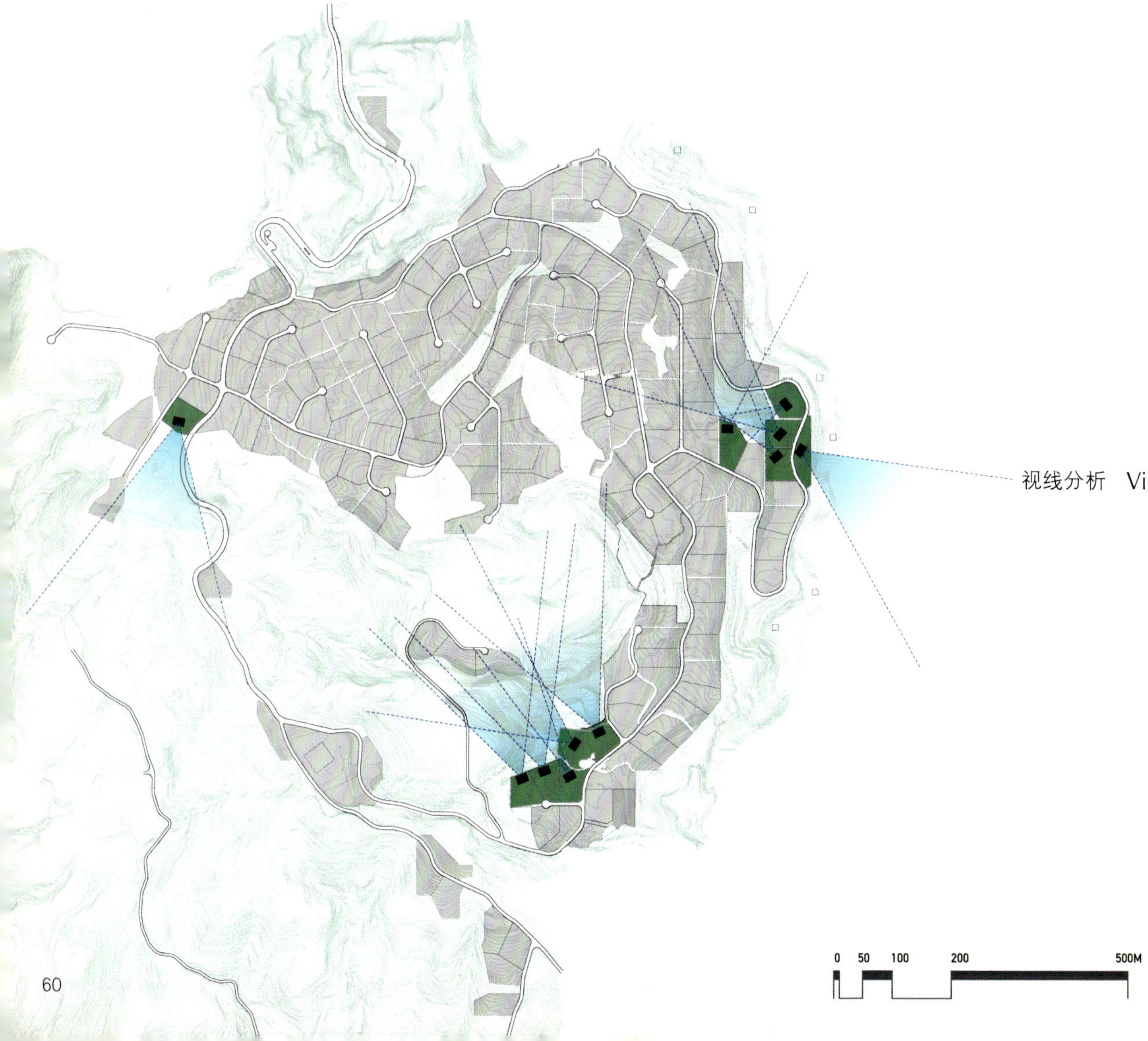

视线分析 View analysis

House & Zone 04

刘育东/Yu-Tung Liu

水墨狂草
Calligraphic House

【house 04】

人类的建筑历史，就是一个形体与空间的发展史。同时，人类的建筑历史，也可以看作是一个“线条”的思想史，从直线（straight lines）、折线（folding lines）到曲线（curving lines），三种不同的“线”，各自构成不同的“面”，再各自构成不同的“体”。由史前到数字化的大历史（macro-history）是如此，由20世纪到21世纪的小历史（micro-history）也是如此，都在经历这个“线条”的思想史。

在中国台北澳底，狂草的书写，起自雪山山脉的山陵线、延伸到福隆海湾的海岸线、最后挥洒在基地山峦起伏的等高线条，由土地线条汇集成建筑线条，由直线衍生折线、折线衍生曲线，最后构成“狂草住宅”。在“狂草住宅”中，建筑自己就是艺术，因为我们在大地书写狂草，并且运用东方卷轴与西方光影的绘画形式开窗，把邻居当作艺术收藏。同时，建筑自己也就是自然，因为数字化的自由形体建筑，来自于大地、延伸出景观。在看似山水画的澳底大地中，我们画了一幅有空间、有实体的“水墨狂草”。

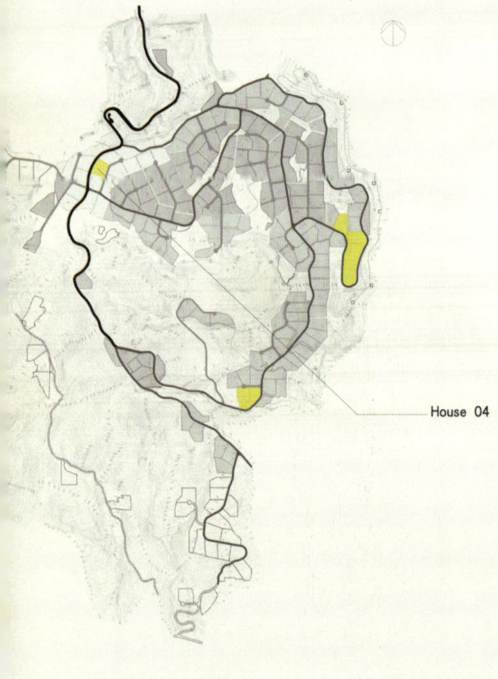

建筑设计 交大建筑研究所刘育东研究室｜刘育东（主持人）、林楚卿（首席设计师）、赖德、郭圣荃、连家庆、林柳吟、陈姿汝、梁凯翔、程家伦

细部设计 戴育泽建筑师事务所｜戴育泽（主持建筑师）、辜建彰、林胜忠、薛丞帏、邹欣伦、毛奇之

结构设计 杰联国际工程顾问有限公司｜张敬礼（主持人）、陈威志、叶秀信、简仰廷

CAD/CAM赞助支持 美商宾特利系统股份有限公司中国台湾分公司

基地面积 2614 m²

建筑面积 585 m²

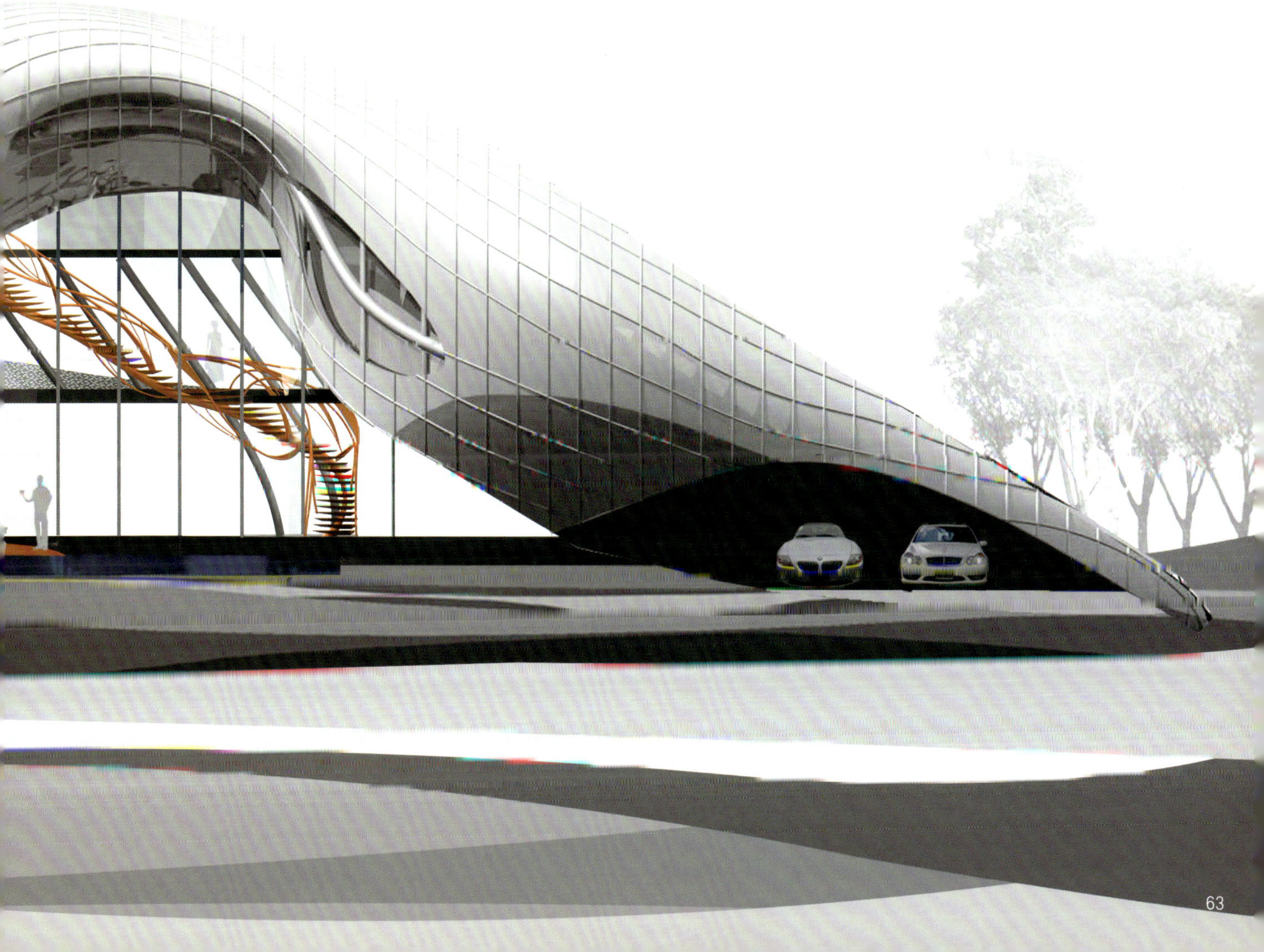

刘育东 Yu-Tung Liu | **水墨狂草** Calligraphic House |

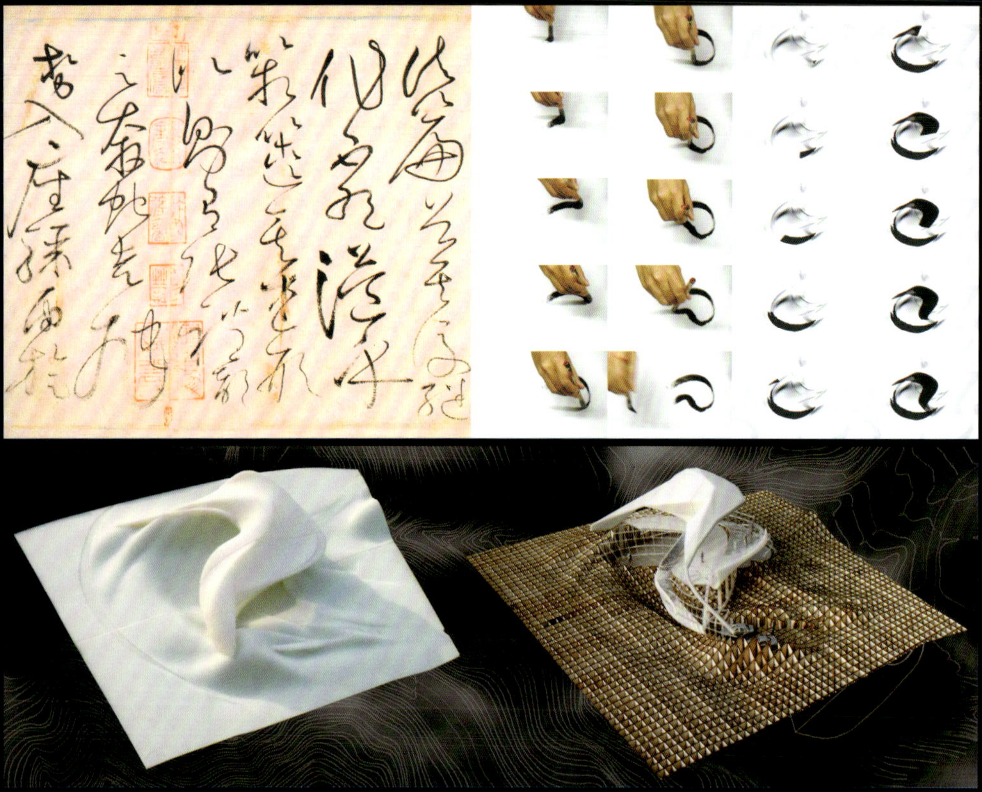

概念 Concept

模型 Model

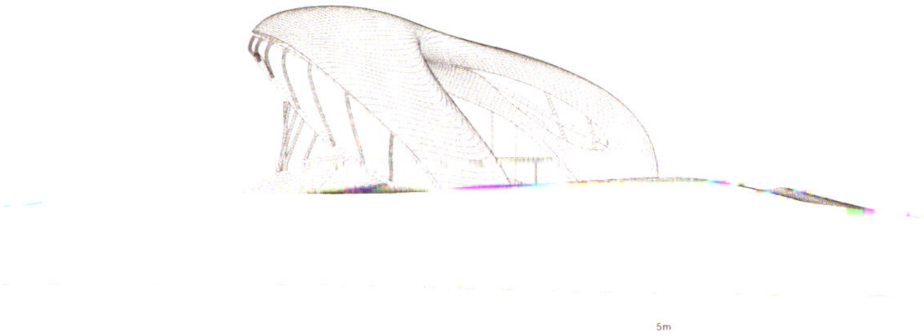
5m

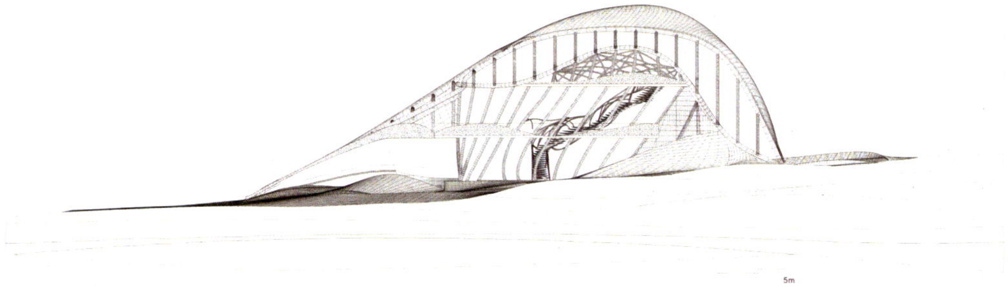
5m

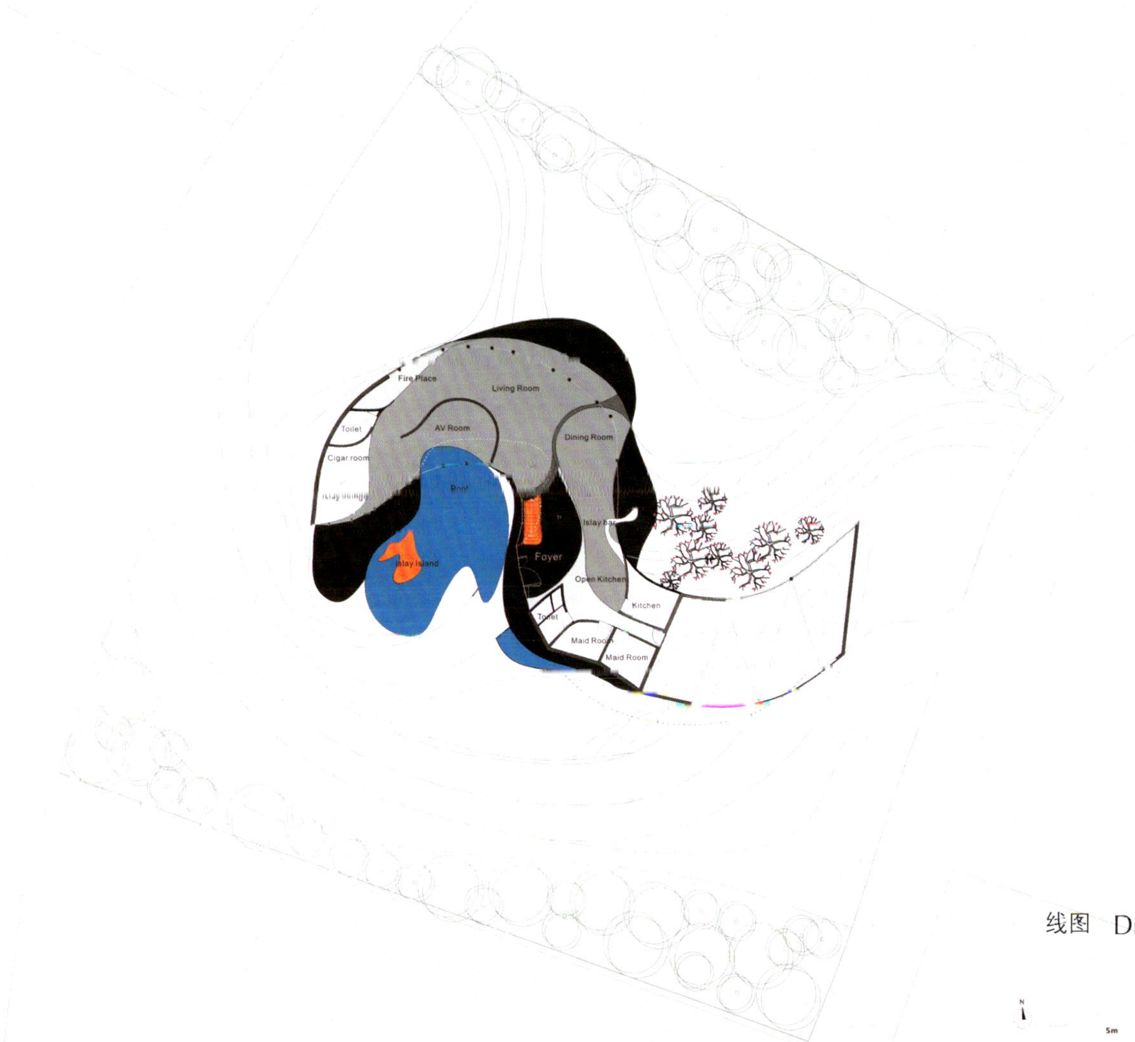
Fire Place
Living Room
Toilet
AV Room
Dining Room
Cigar room
Pool
Islay Bar
Foyer
Islay Island
Open Kitchen
Kitchen
Toilet
Maid Room
Maid Room
N
5m

线图 Drawing

效果图　Rendering

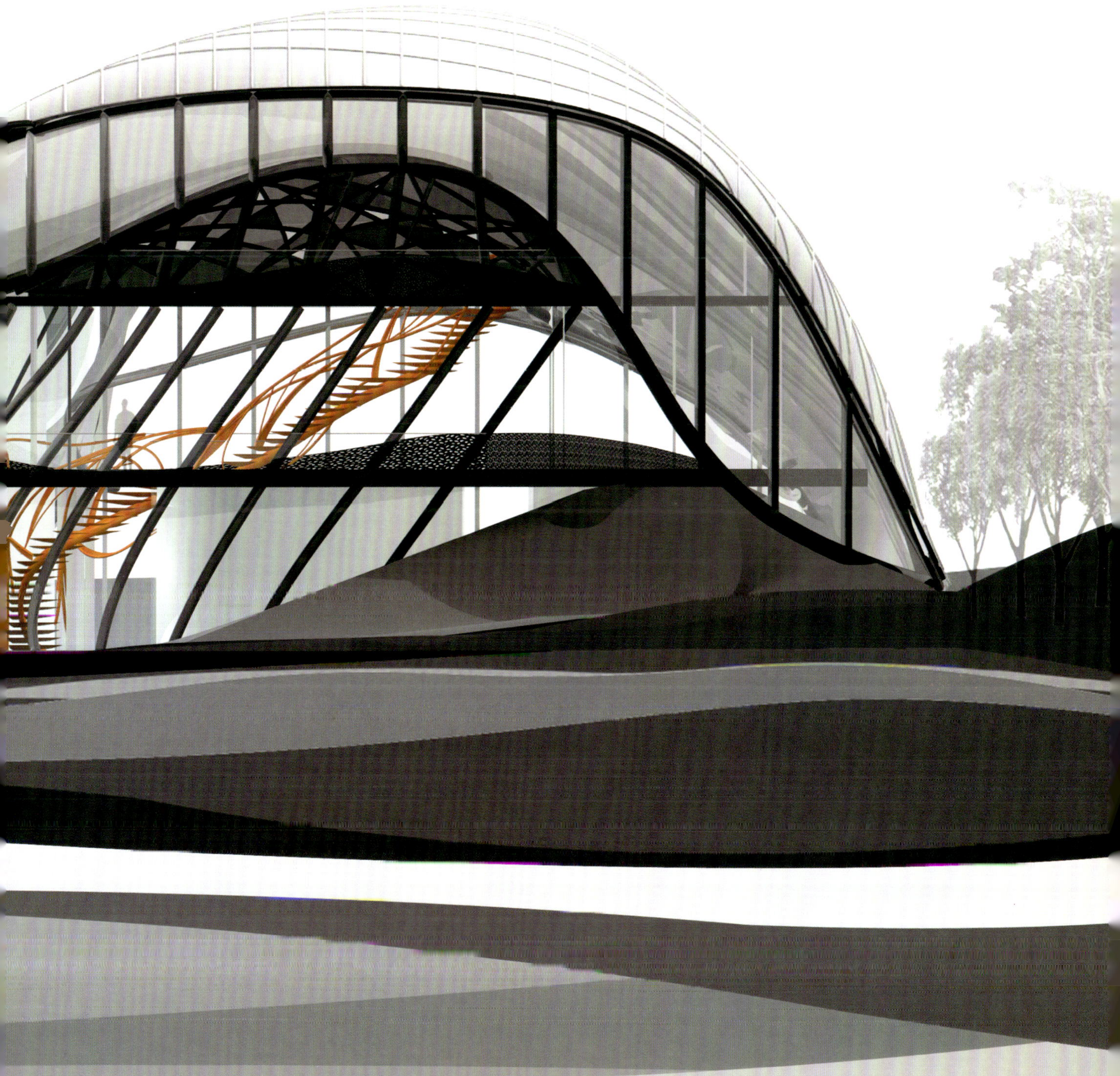

【Zone 04】

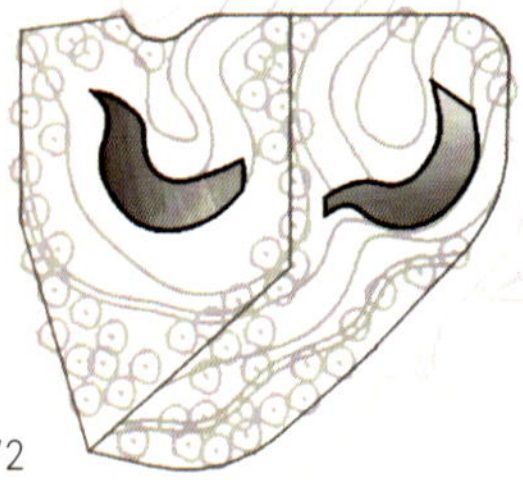

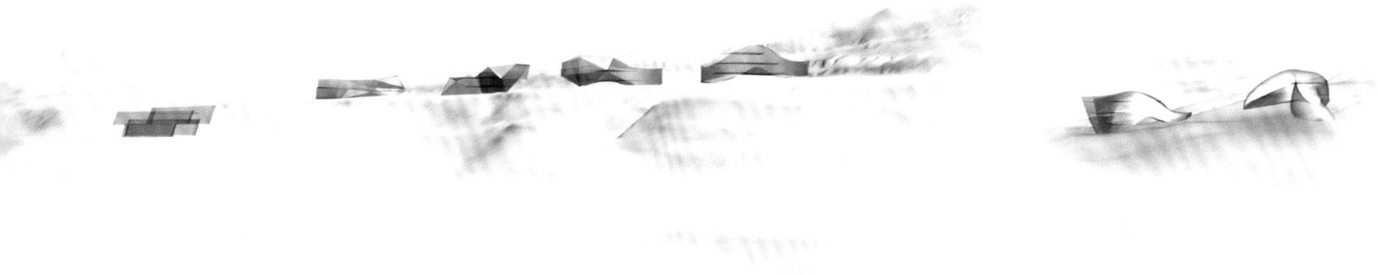

场地立面图 Area elevation

对话 3／10

张永和 Yong He Zhang

龚书章 Shu-Chang Kung

张永和 Yong He Zhang・龚书章 Shu-Chang Kung

对话 3/10

张永和 Yong He Zhang · 龚书章 Shu-Chang Kung

刘育东（以下简称刘）——想请教两位建筑师，在您的观察中，不论是本土的、或是全球性的，目前最关键的建筑课题是什么？

张永和（以下简称张）——我在学校教书，所以也常常要谈到这类议题。我大概提出建筑面临的三个问题，有些是从前没有的，有些则是以前虽有，但后来改变的尺度很大的。

第一个是全球化的趋势，不论是经济或文化都面临了全球化的影响。第二点是高速的城市化，亚洲在整个全球的地位也受到这点的影响很大。高速城市化其实是种亚洲现象，连带也带动了欧洲与美洲的发展，并揭开了新型城市的可能性。如果我们对于未来城市的形态没有认识，建筑师就不可能做出新建筑；没有新城市，也就没有新建筑。

第三个重点则是气候的变化。有时候我们用"生态"这个字眼，在大陆我们则说是"可持续发展"，也就是"永续发展"来表达这个概念。建筑在这方面的条件也面临很大的改变，虽然这个议题已经谈论很多年了，不过气候的变迁从来没有像现今转变得那么快，能源、污染的问题也随之浮现。这是我认为当今建筑所面临比较重要的三个议题。

刘——那么，龚书章建筑师呢？我们每个人的背景不一样、文化不一样，居住的城市也不一样，您怎么看当前建筑所面临的问题？

龚书章（以下简称龚）——我想，最重要的课题，我会先从中国台湾这个地方来看。刚刚张永和建筑师提到全球化是非常大的议题，我则认为Next-Gene这个建筑项目的有些观点，在中国台湾地区必须被重新认识；其中，主要的焦点就是建筑与自然环境的关系，也就是建筑如何对自然做出适切的回应。

这种回应不是过度反应，我们的建筑文化受到西方很大的影响，也受到本土文化的影响，但实际上我们很少去回应环境，我们大部分的反应都集中在文化性上面。我认为这种对自然环境的适切反应，极为重要。

第二个中国台湾建筑所要面对的重要课题，是中国台湾地区在切入全球化的观念时，面对本土议题的反应常常是聚焦在传统、文化形式上的风格，而不是讨论本土性，也就是刚刚提到的风土、本土环境上头。前几年的讨论，在试图厘清全球化性格与本土化建筑的时候，总是在文化形式上打转，这两个课题在中国台湾其实非常要紧。

第三个课题，我想要比较狭隘一点地回到生活与空间的关系，这是中国台湾建筑必须讨论的最大一个问题。住宅，这种在中国台湾地区占去百分之八十以上的建筑形态，却从来没有碰触到任何一个点，是希望讨论真正的生活风格，或是生活形态应该在空间形式上如何被反映出来等等。

中国台湾地区在近二十年来的变化非常大，产生了所谓的new generation（新一代）。在中国台湾地区生活的人，从二十年前的上一辈，到二十年后的另一辈，他们的成长环境以及对于经济、生活的需求，已经有很大的不同；可是关于住宅的讨论，大家还是停留在二十年前的固定形态。

我认为，这一点应该有必要再重新适度地反映出来，因为它会直接影响到所有人的生活与住宅空间。所以，这些新的概念与新的发展，需要被提出来再讨论。

刘——如果比较简而言之地来说，您认为下一代的建筑，应该何去何从？

龚——就我自己的观点来看，身在中国台湾地区的建筑圈，有件事情我认为是特别需要去面对的，那就是所谓的"轻建筑"与"重建筑"。

中国台湾地区对于建筑的观点，其实放得蛮沉重的，因为我们要面对东方建筑形式的问题，还要面对很多诸如社区观点等等的讨论，这些观点都非常沉重。可是在面对营造施工、考虑建筑真正的构造（tectonic）以及处理建筑技术等问题时，反而显得比较轻盈。

我个人的观念刚好是相反的，其实我们的生活已经改变了，对待生活的观点应该不需要那么沉重、应该更 easy（轻松）一点；反倒在对于建筑的营造与构造这个部分，我认为我们应该要放得更清楚一些。所以，这样的现象让我感觉中国台湾地区在这二十年间其实是反其道而行，这也是我个人很有兴趣去探讨的一个议题。

张——虽然我也不能很肯定，但我想建筑师们下一步会对地域性有更深的讨论，并且进行生态城市的设计，也就是地方化的生态城市。我认为，如果整个城市的格局不对，也不太容易透过建筑再行补救。

从建筑的角度来说，形式在建筑中的意义也会随着时代改变。二次世界大战之后的头二十年里头，成熟的新建筑是把它做好，而不是在形式上强调新的突破。过了二、三十年之后不同了，我们看到的是一系列形式语言上的寻求突破，我想这个轮回的惯性会持续下去，之后可能突破的速度又会趋缓，因为这也要有相关的条件配合；这就跟经济形势一样，不会一直都保持不变。

我的观点是，形式与风格永远都会存在，可是它们会依附在对于新型城市的讨论脉络里头。

刘——刚刚提到的新型城市，您在英文里头用哪个词来表达呢？

张——我也不知道哪个字眼最好，有人说是 Eco–urbanism 等等。不过，其实已经有很精彩的新型城市实例出现了，像是英国建筑师诺曼·福斯特在阿联酋的迪拜，设计了一幢低耗能大楼建筑，以大陆的说法就是“生态友好”建筑。他的做法有其地方性，因为中东是很热的地方，这幢建筑也不可能再被重复一遍。

这样的建筑现象发生在石油输出国家，特别有意思。因为这些建设，对阿拉伯人来说没有建筑上的特殊涵义，但是阿拉伯国家也在思考，将来要是没有石油，就什么都没有了。于是现在产生了一个有趣的现象，就是很多人都在研究生态是否可持续发展，可是却对建筑设计不感兴趣了（笑）。

刚好在座各位都是在美国所受的建筑教育，我们

张永和 Yong He Zhang・龚书章 Shu-Chang Kung

受教育的时候谈的恰巧就是所谓建筑的自治或是独立的建筑（Autonomous architecture）这些议题，这里头其实就是把城市化等议题抽离；美国建筑师彼得・埃森曼等人都谈过这些，当时是很积极的建筑思潮。

现在看来，建筑与城市，仿佛就像三国故事一样，以前是合久必分，现在则是分久必合。

刘——我们把讨论的主题稍微拉回来一点，张永和建筑师在北京也曾经号召一群优秀建筑师一起进行"长城脚下的公社"这个计划，有很丰富的经验。这在大陆叫作团队设计，我们则说是集体创作，其实意思是一样的。当您在波士顿接到我们这次的合作邀请时，想到的是哪些事情？

张——人做事的目的性总不一定是那么明确的，总有混合的理由在里头。接下这个项目，除了想往国际化发展之外，我对刘育东建筑师的组织能力特别信任，我想不会错。

我不太擅长创造新形式，我对形式也不是很敏感，因此我要着重的是经验。

——张永和

另外还有个理由，就是台北这个城市的吸引力，我交了不少台湾朋友，因此对我来说，人的吸引力，特别起了一些作用。不过有人曾问过，要怎么决定去做哪个地方的项目？哪个地方的不去？其实这个问题很简单，只有一个标准，哪个国家或城市有好吃的，就到哪里做设计，一样的意思（笑）。

刘——这次的项目是龚书章建筑师向业主推荐我来主持，因此想请问龚书章建筑师两个问题。首先是您与业主的讨论当中，怎样去想像或者建议这样的集体创作？另一个问题是，确定要这么做之后，您又成为参与者，角色与原来不同，可否分享您的心情？

龚——其实从两年前，我就开始思考一些问题。中国台湾地区建筑最近几年不管在公共部门或私人部门的努力方向上，有点散乱，也有点低潮，因此我常常与台湾的建筑师邱文杰、黄声远等人讨论下一步该怎么走。

两三年来，我们开始看不清楚该如何厘清方向，又该用什么方式来厘清，刚好捷年建设的吕台年董事长跟我提到这个项目，我看到澳底这么棒的基地，忽然想起跟几位建筑界的好朋友，也许可以一起来做些事情。

中国台湾地区其实不管在政治、经济或是建筑专业等层面，都应该共同来做些事情，这是很多人的渴望，也非常有机会唤起大家的热情，所以必须集体来做。

所以我想，澳底这个设计项目有两件事情是必须去做的：第一是集体的创作，让各自的论述可以一起被讨论其发展的可能性；第二则是开启与国际的对话，因为中国台湾地区似乎慢慢地处在封闭的状态，我们必须打开一扇窗子与国际对话。这倒不是该走出去或是走进来的问题，而是要强调 dialogue（对话），这种对话已经好长一阵子都不存在了，有的话也只是请中国台湾境外建筑师来台湾参加设计竞赛。

以上这两件事情，都是我一开始觉得最重要的想法，我也认为做这类项目的时机到了。

当计划开始起跑，我的想法又进入不同层次。一般说来，对建筑的认识与经验的累积，还有在其他建筑专业上的培养，大概需要十到十五年的时间才能成熟；所以，中国台湾地区现在有些满怀热情的建筑师，年纪都在四十五至五十岁之间。建筑师似乎在这个时间点特别需要厘清自己的走法，可是中国台湾地区的环境又过度商业，没办法真正找到可以表现的空间。

因此，澳底这个项目让我觉得时间点应该到了，再过几年可能也太晚了（笑），所以当时机对了，我进到这个项目的对话里头，就感觉到一种非常好的能量。这个能量不只对我有帮助，对年轻一辈也有助益。

中国台湾地区现在有个最大的状况，就是三十三到三十五岁这个年龄阶层的工作者，他们不知道passion（热情）在哪里；比起中国大陆来，他们完全不知道自己对建筑的热情应该怎样被启动。像我的公司里有十三四位年轻设计师，他们昨天都来参加澳底计划的首次作品发表。经过发布会之后，我上网站看，发现这个项目很快启动了他们的热情（笑）。

我觉得这是最重要的，因此我也给自己很重的包袱与压力，甚至我也花很多功夫进行自我的“整理”，将自己十多年来的建筑历程重新展开一番梳理。

刘——所以您有双重的身份，从项目成立前到成形后，您都全程参与，那么您在很早就已经看过这个基地，最初的时候，您看到什么？又觉得该怎样去诠释这个计划？

李——我第一次看到这块位于东北角海岸的基地，就觉得这个区域真是太美了。我心想，如果它真地被开发了，很容易就会被破坏。所以，刚开始想到要在这里盖建筑，我心里也有点害怕，就像简学义建筑师所说的，看到这个基地的美，最好就什么东西都不要盖，这是我们心里的想像（笑）。

所以基本上，如果真要在这里兴建建筑，就要让适当的人去做适当的事，对基地也要有适切的反映。

从这个计划开始发展到现今，我观察到一件很好的事，那就是每位建筑师都很关心自然环境的问题，每个人也都有自己独特的对应手法，大家焦点很一致，我认为这是一个很好的刺激，在这个独特的大地景观里，大家开始可以提出一些清楚完整的概念，我也很期待这个部分可以继续发生。

刘——张永和建筑师上次到基地视察时刚好遇上台风，应该是雾濛濛一片，这跟您想像中的基地有什么不同？您如何解读这个基地？

张——有时候我们以为看到了图片，就很了解当地，因而失去了新鲜感。但实际上从设计来说，有一种很好的态度，就是愈透彻地了解基地，对于做设计就愈有帮助。

不过也有另外一种态度，我记得二十多年前，我在加州大学伯克利分校念书时，我的老师承接的业务多半是在北加州郊区的小住宅，而他从来不到基地视察，我们就想为什么？后来才知道，原来加州到了夏天，植物就枯萎成一片黄草坡，基地的条件全都是一样的，所以他才说有了想法，再去看就行了。

但是澳底这个项目的经验很不一样，后来也证明有些合理性。我不太在乎那天没有看到什么，因为物理性的东西（景观），我们可以用别的方式来解决。但是当天遇上了风雨，什么也看不到，所以我只好自己想像，后来触发我联想到《空山灵雨》这部胡金铨导演的电影，于是我就把物理的状态（基地景观）、电影的场景以及我自己的想像（对台风的记忆），三方融合在一起，变成了我提出的作品。对我来说，这反而比单纯的基地探勘，要来得更刺激想像力。

刘——您的设计我们还算熟悉，这次是从四合院等建筑形式去讲究新的生活方式，那么您此次的设计是如何回应“下一代基因 Next-Gene”，以及团队设计这个主题？

张——我自己也挺好奇，不知道您是否对每个人的作品与立场已经有些猜测与期望（笑）？这是团队设计都会有的现象。反过来说，作为一个参与者，我也会去猜想别人的设计，这里头可能也有年龄的门距（笑）。

我年轻时有段时间，大概是20世纪90年代初期，

张永和 Yong He Zhang·龚书章 Shu-Chang Kung

挺喜欢美国建筑师理查德·迈耶（Richard Meier）的作品，因为他有一种以不变应万变的精神。最近我也与这位老先生有些接触，挺尊敬他拥有那么大的定力。我不太擅长创造新形式，我对形式也不是很敏感，因此我要着重的是经验。

我看到澳底这么棒的基地，忽然想起跟几位建筑界的好朋友，也许可以一起来做些事情。

——龚书章

您曾经提到曲线，还有曲线救国，我想也可以发展成曲线救事务所（笑），因为事务所都不求新发展也会出问题。我这次的设计里头有折叠的屏风，又是镂空的，里头也有很含蓄而丰富的变化。我们加入方形的玻璃塔，因此这曲戏还得以玻璃塔为主唱。为了满足无障碍空间的设计，中间的联系完全是虚的，成为特别复杂的中间联系方式。

如果我们在形式问题上处理好了，也希望有点放松，让每个房间等于是个敞亭。我希望这不是形式上的单纯，而是经验上的单纯。它的高低有变化，就表示基地的方位有一定变化。这是很单纯的空间，可是你在里面看来看去，会有些很微小的变化。

这与我自己的审美观也很有关系。而且，不只中国文化里有这些，西方的现代艺术里头也有，看上去都差不多，像是安迪·沃霍（Andy Warhol）等人的作品都是。中国人本来就有这些文化上的语境，现在嫁接到以机械复制的文化上，所以看上去都一样，但仔细瞧瞧还是有些不同。

刘——曲线救国是我们说着好玩的，倒是“以不变应万变”的说法解释得非常好。

张——所以我们这次在澳底还是“不变”。从几何形态来说，在建筑上不是为了简单，而是希望能跟我们原先想的凌空的全景概念吻合。

刘——龚书章建筑师这次的规划特别用力，您是怎么样去呼应“下一代建筑”这个共同的主题？

龚——我看基地的经验，刚好跟张永和建筑师相反，因为我很常去基地，所以我对基地的感应不太一样。

我的第一个问题是，由于每次看到的都是基地不一样的状态，有晴天的、下雨的、刮风的各种状态，所以反而感觉抓不到重点。第二则是因为太常去基地，看到它开阔的视野，就觉得势必要去反映这个特点。

可是，其他还有什么呢？我们也不太晓得，还在思考应该怎么做。第三就是每次去澳底，都会经过东北角海岸的那些岩岸，它们很漂亮，也会突然跑到山上来。因此，我们在讨论这个方案时，想要直接反映出这种感觉——这么多不同的天气状况、毫无定位的一大片绿地，我们要用什么方式去讨论它？

后来，我们决定了三件事：第一是对岩岸的人工与自然景观进行直接反映；第二是针对开阔的空间，以及东北季风、阳光日照等自然因素进行反映。这两项反映进行了之后，就拟出了我们的建筑形态，包括决定我们看到的五脚屋开窗门面，以及如何根据方位让空气可以流通等等。

至于生活形态的讨论，我们还没有正式开始，可是我们希望生活形态能够除了面对这么大的绿地之外，还可以产生一种内向的关系。以前现代主义认为内向关系就是一种流动空间，可是当我们把中间的几个空间夹在一起后，可以产生一些细缝，除了让雨跟光线可以流泻下来之外，各个空间仍然是各自脱离的，它的景观视野也就不像对外形式的那

么开放，要看各个空间的夹处所创造出来的小型（micro）景观而定。

还有二楼的所有生活空间，有时候可以往下看，有时候又可以往前看。建筑体量两两紧靠的空间，视线与视线之间我觉得可以讨论出一些介于隐私跟公共空间的问题，不过这方面我还没开始细想。

我们其实就是先做出反映的动作，还没有去进行深化，而这样的反映动作会产生很有意思的纯粹性，把那些纯粹要讨论的议题抓出来。

刘——这次的计划中，有二十位建筑师在同一块土地上进行集体对话，里头充满有形与无形的对话，您怎么跟您的邻居建筑师对话？

龚——我们的基地都分成单栋与分区两个部分。在分区这一块，我们的基地比较畸零，对我来说已经很靠近旁边的邻居。我们的邻居其实有百分之六十是树林，整个基地到我们这边也慢慢向树林结合，因此我们最重要的对话对象是树林，所以我们的概念就是散布本土上的“石头”。

我们这次做的也不是比较开展性的空间，而是让体量集中在一个个的建筑单元里头，虽然下面是散的，但六户的六个建筑单元可以慢慢长到树林里面，树林则夹处在这六个建筑单元的中间，这是我当初的想像中，最重要的部分。

刘——那么张永和建筑师的四合院设计，会如何与邻居进行对话？

张——因为我昨天才看到整个设计发布，所以还没开始对话（笑）。不过我认为一个居住的社区需要对话，并建立一个完整的体系，让每个人都可以参与，我希望这次的景观设计能起一个带头的作用，因为建筑师们现在都对景观设计各自有些想法，可是还没形成一个大的体系。

这里头有个矛盾就是，目前大家已经很成功地在作品上作出区隔，但另一方面，建筑师们要怎么样处理好邻里关系，在景观上可以让建筑的差异不那么大。

刘——最后的问题，希望两位能谈谈，这样二十人的集体创作，对两位来说是更有压力？更快乐一些？还是更能激发您的创造力？

张——集体设计还是有点打擂台的味道。我们都会尽力去做，不过设计者的背景都不一样，也会受到目前正在全球风行的设计潮流影响，因此我们会去考虑这些问题。不过，我们还是会“以不变应万变”。

龚——我觉得这次的创作计划很有意思，这样的集体创作反而具有纾解作用。之前我们为了赶设计已经好几天没睡觉，我们公司有十几个人来发布会看过各家作品之后，心情反而轻松下来，也更了解还可以做些什么改进。集体创作对我们来说除了是种竞争，也是一种阶段性的纾解，会让我们更知道未来下一步要往哪里走。这点对我们来说非常重要。

House & Zone 05

张永和/Yong He Zhang

三联画宅
Triptych House

【house 05】

三联画宅的设计目的，是为每一个房间提供全景景观。整个住宅是由金、银和丝绸三个玻璃塔楼组织起来，每层空间都是完整且开放的，形成三组连续的风景画。在三联画宅的任何一个空间，人都受到山水环抱。和传统住宅把起居室安排本土面层的布局不同，三联画宅中，起居室和主卧室都安排在顶层，使周围的景观更具有戏剧性。同时，三个塔楼的地面层向庭院和景观敞开，使地面层成为这两者的延续。塔楼上层不是透过走廊，而是经由一系列的洗浴设施连接，形成感受环境的另一套建筑组件。

住宅为钢框架结构，半透明的折叠屏风和遮阳篷可以收起、藏在主要结构柱内。当屏风打开的时候，柱子本身不再是实体的，而是可穿透的，让整个空间充满了蕾丝状的光线。当屏风收起时，会完全消失在视线中，结构系统和围合系统合二为一。三个塔楼的屏风面材分别为金、银和丝绸。

向内的坡屋顶设计有利于视线的开放、增强自然通风。

建筑设计 张永和 | 非常建筑 Atelier FCJZ
专案设计师 James Shen
设计团队 Liu Yang, Zhang Yong Sheng, Wang Kwan, Li Jia Ying, Wang Zhe Ying
本土建筑合作 龚书章 | 原相联合建筑师事务所

迷写 Sketch

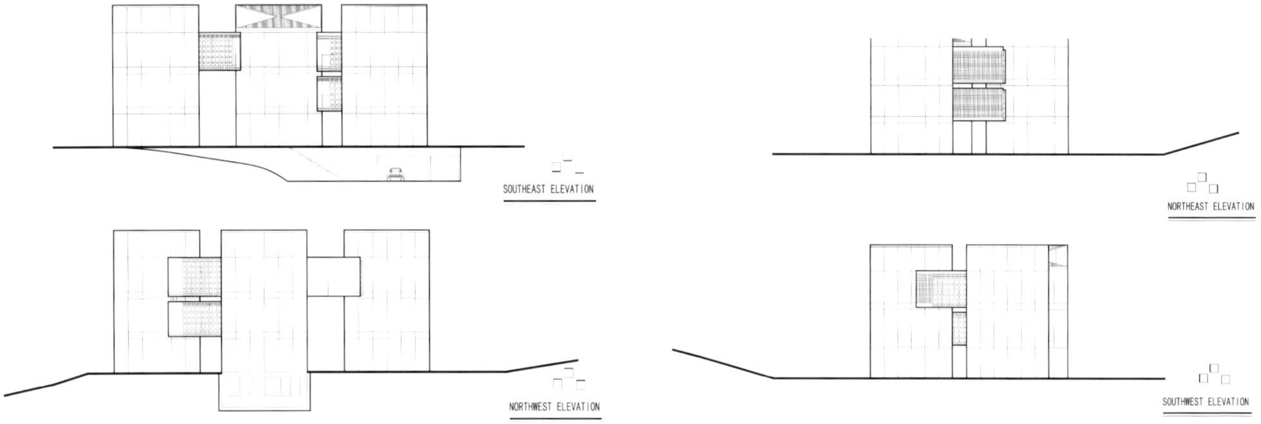

线图 Drawing

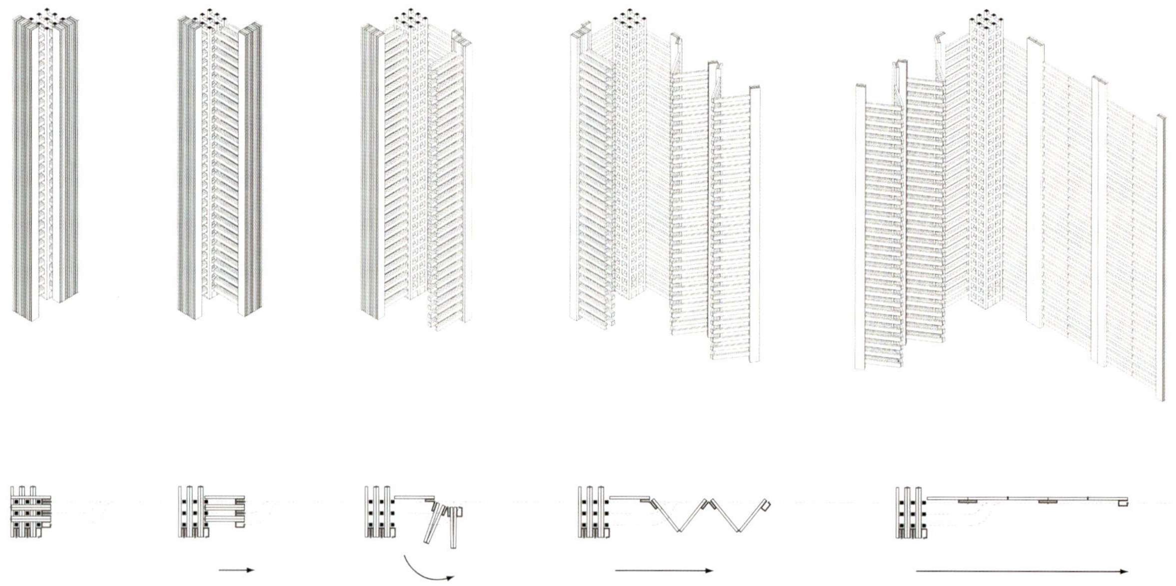

屏风的操作　Screen operation

张永和 Yong He Zhang | **三联画宅** Triptych House |

【Zone 05】

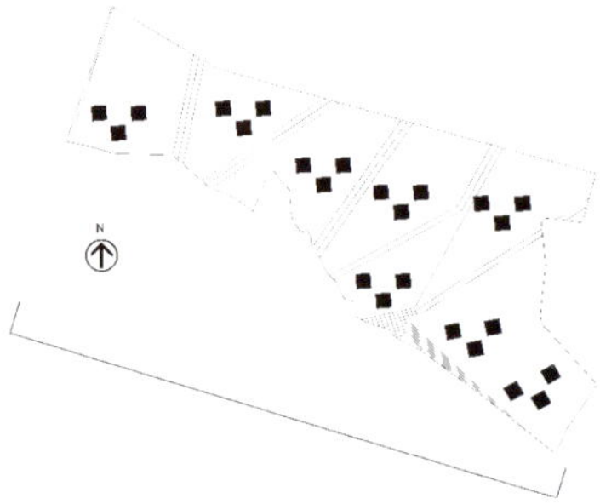

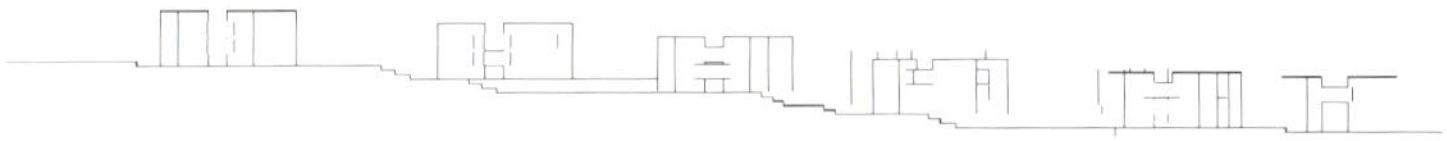

场地轴线 Site axon

场地内　Inside out site

场地透视图　Site perspective

龚书章/Shu-Chang Kung

磊落
Radix House

【house 06】

“磊落”以尊重自然土地与其环境生态作为建筑态度。为了达到建筑对土地造成最小负荷的设计企图，建筑形成以五个生活物体单点触地，与三个自然院庭所组成的群落，融入树林景观。各物体三两轻碰，环围光庭和水砚，如马蒂斯画作《舞蹈 II》(The Dance II)所呈现的舞动——单脚的舞步靠着舞者们手牵手围成的舞圈，达到了动态平衡之美。更如建筑大师柯布西耶的萨伏伊别墅(Villa Savoye)所提出的底层架空与屋顶花园的建筑原则，“磊落”面对 21 世纪的可持续发展议题，也呈现了它与环境对应的建筑构想——轻碰地面、复育原野。“磊落”让出了空间以使土地能够自由地呼吸，在光线与雨水的辉洒下，继续滋养着生态自然。

其中五个生活物体，每一个都含有独特情境的空间、活动与建筑元素，其定位过程皆反映了特定的日照方位、风向，以及山景林落关系。如南北向配置了生活空间与大开窗，以捕捉稳定的间接光；东西向则配置挑空空间、观想空间和活动空间，并以长窗塑造出不同节气与色彩的直射光；而底层与高层则配置以较个人化的空间与小窗，来与中间层的主要生活空间以及大开窗等形成呼应。如此，生活物体围绕着光庭，顺应着生活活动与自然因子的涵构关系，并依据端显节气的四向基数原则一一对应内在生活，构成了“磊落”，矗立在树林中，形成自然与生活相生的林院风景。

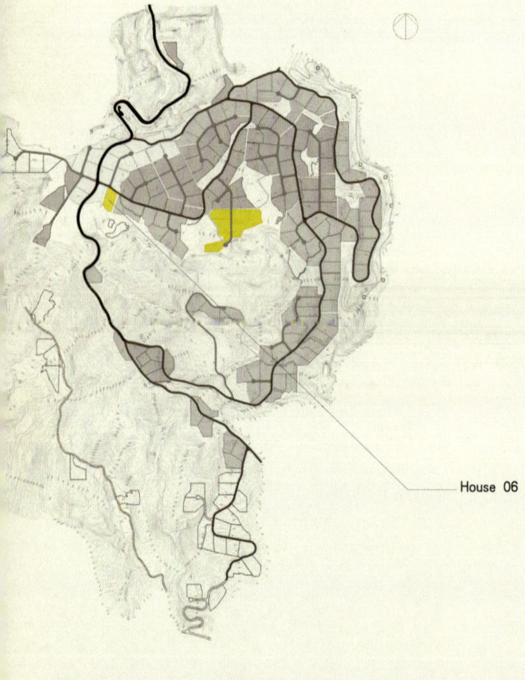

建筑设计 龚书章｜原相联合建筑师事务所主持人
设计成员 廖嘉舜、林宜萱、曹方维、林冠宇
建筑团队 吴建森、陈丽雪、谢文智、童尚仁、张钧胜、蔡旺哲、卢正忠、李诗怡
结构顾问 许浩展｜长浩结构技师事务所
数字化模组分析顾问 利道科技工程有限公司
机电顾问 棣鼎工程顾问有限公司

基地面积 2800 m^2
建筑面积 277 m^2
总建筑面积 625 m^2
主要结构 钢筋混凝土无梁板系统
主要建材 清水混凝土、钢板、原木、玻璃

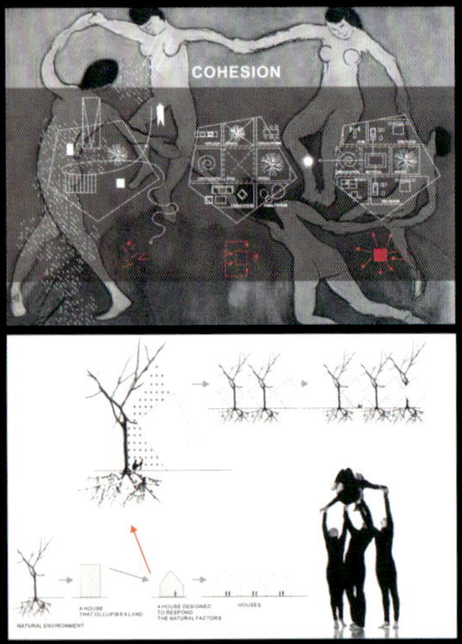

概念 Concept

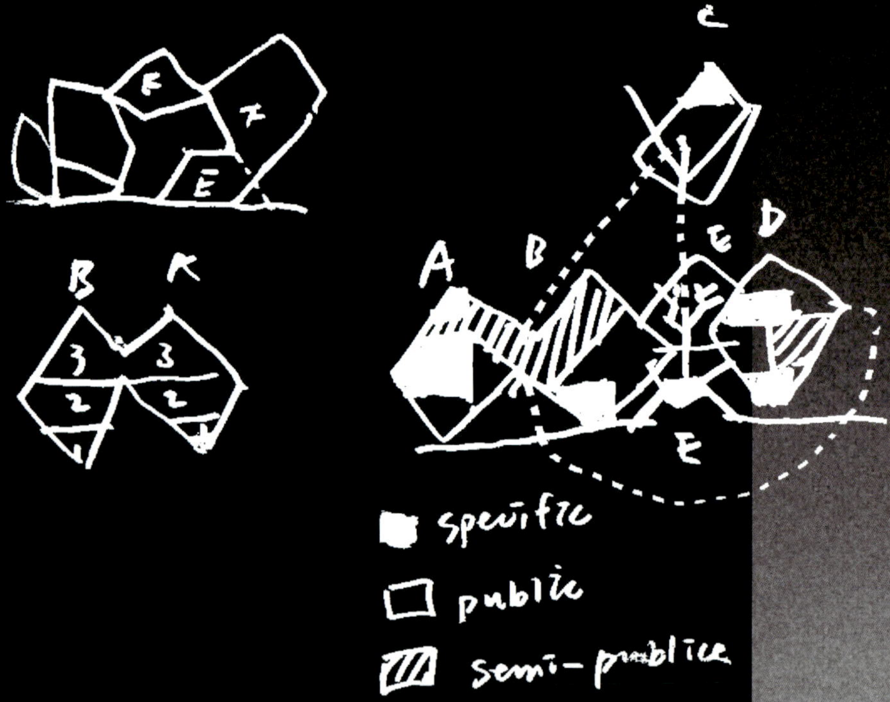

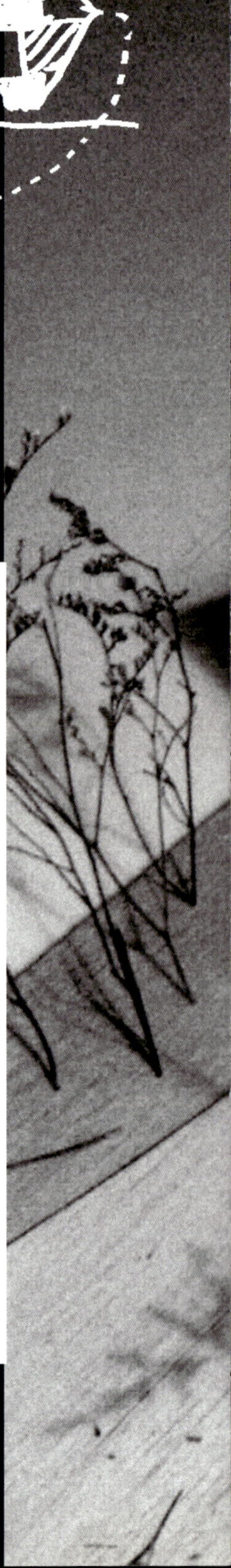

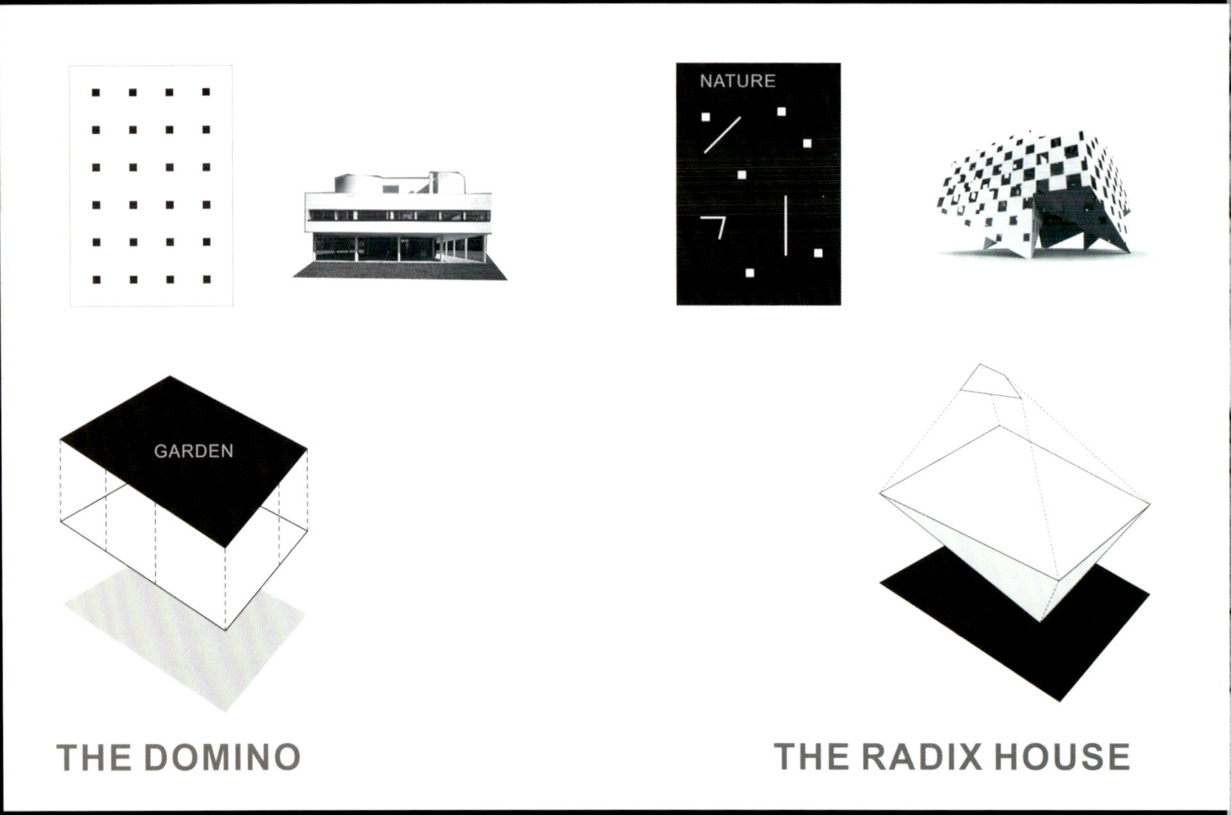

概念 Concept

龚书章 Shu-Chang Kung | **磊落** Radix House |

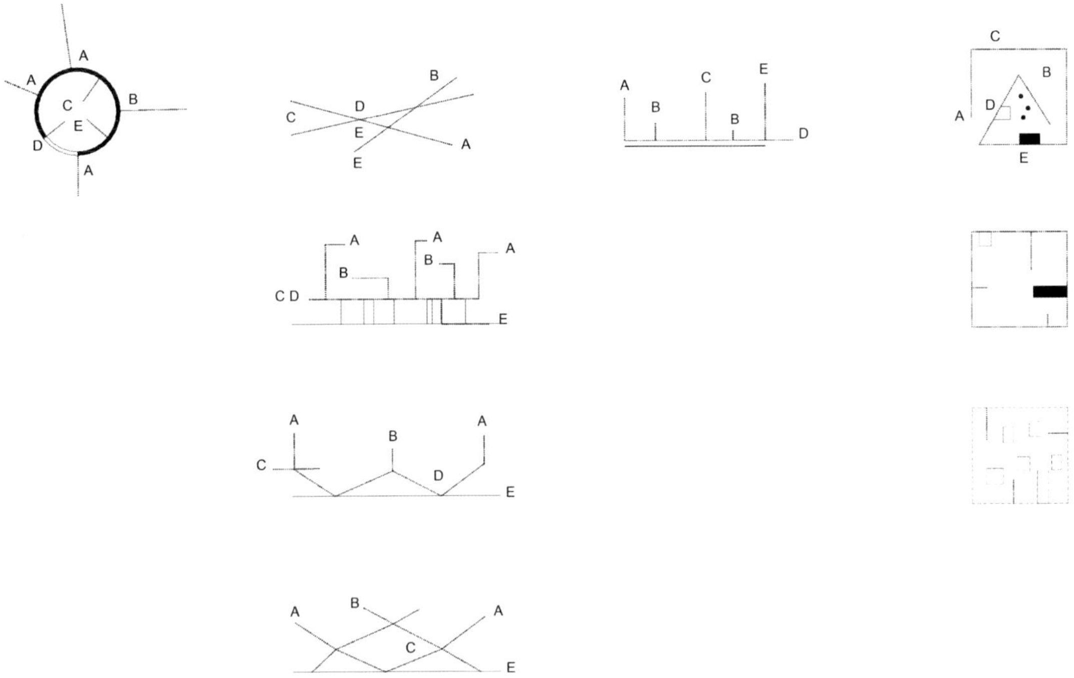

居住语法 Living grammar

群组模型研究 Study mass model

二层起居室 2F livingroom

凹槽 Sunken

室内 Interior

H +825
0 1 3 5 M
N

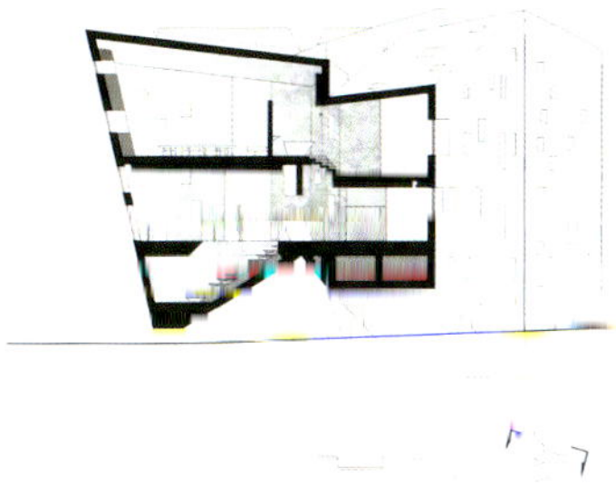

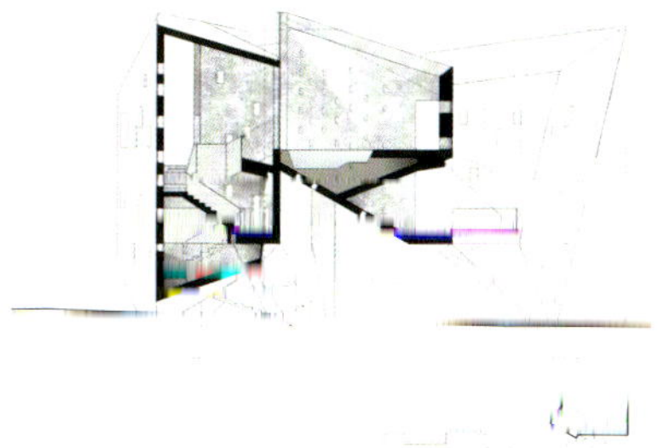

165
160
155
150
145
140
135
130
125
120
0 5 10 20 M

场地模型　Site model

对话 4/10

IaN+　　姚仁喜 Kris Yao

IaN+ · 姚仁喜 Kris Yao

IaN+·姚仁喜 Kris Yao

刘育东（以下简称刘）——首先要请问两位建筑师，可否与我们分享，您眼中观察到当今全球最关键的建筑议题是什么？

Luca Galofaro（IaN+主持建筑师之一，以下简称IaN+）——当前的建筑发展有个问题，那就是许多建筑师都在追随着潮流。在我自己的国家意大利，每次我们看足球冠军赛，你总会看到每个人都抢着要当冠军，却往往没办法好好踢球。我支持的罗马队虽然没有号称是冠军的球星，但他们是个好的团队，领军的教头也很棒，他总是能带领球队通力合作，取得胜利。

我认为，建筑界也有同样的问题。很多明星建筑师，创造了许多令人惊叹且饶富趣味的建筑，但与此同时，他们却也对自己的建筑作品失去了控制，无法呈现出建筑真正的涵义，尤其是那些建筑原本应该具有的、不同于其他创作的社会性涵义（social meaning）。

刘——那么，这样说来，依您的看法，下一代的建筑将会走向何方？

IaN+——我想，下一代需要以团队合作的方式来创作，以游走于不同的文化与建筑形式之间。

此外，每当我们想去尝试一些特别的做法、每次我们想重新为人们的生活方式赋予崭新涵义，我们都必须与客户以及那些实际住在我们作品里头的业主维持良好沟通。这也正是我认为下一代建筑师所必须做到的一件事——保持我们身为建筑师的本质，同时也与建筑的使用者建立良好的互动。

刘——再请教姚仁喜建筑师，您观察到目前建筑界正面临的关键议题是什么？

姚仁喜（以下简称姚）——很高兴听到Luca提到关于足球队"冠军"的比喻，因为现在所谓starchitect★，也就是明星建筑师，的确非常受欢迎。以中国台湾地区来说，还有另一种趋势存在，那就是建筑变得太过商业化，成为房地产开发计划之下的商品，使得建筑就像Luca所说的，往往变得只在意如何追随趋势潮流，而与现实生活以及人们真正的渴望脱节。

上个礼拜我刚好在美国加州，看到了一部精彩短片，内心深受触动。这部短片记录波士顿爱乐乐团的指挥本杰明·山德尔（Benjamin Zander）的故事，他不但是位音乐家，同时也指导商务人士成功经商之道。

这部短片只有三分钟，片中山德尔让一群商务人士齐聚一堂，接着请一位十分出色的大提琴家极为认真、投入地为他们演奏一曲古典乐章；随后，山德尔又请大提琴家下台来，并且邀他再为在座听众演奏轻快的舞曲，看看能否让听众随之起舞。

大提琴家刚开始有点会不过意来，但是当他照办之后，突然间，从他指间流泻出的音乐不同了、他的态度与姿态也改变了，受到感染的听众，于是手舞足蹈了起来。这时山德尔说，你所做的已经不只是自我实现，因为你努力发挥，让别人感受到你的音乐天分，这就是你送给大家的一种礼物。

这是一种截然不同的心态，我想这也回应了Luca刚刚所说的，那些为观众而奋力冲刺的足球赛现象。因为最终，这也不过就是一场球赛，没什么了不起的。但是你看，在山德尔的故事里，当大提琴家的表演心态改变了，演奏也可以是送给听众的一个礼物；或许我们用这样的心情来做建筑，建筑也会变得比较有趣，比较不那么自我中心。

IaN+——姚仁喜建筑师刚刚所说的，其实也包含了"教导"的意义。我想，建筑的意义并不是要教人变成一个建筑师，而是要去教导人们，什么才是"活"在空间的意义。我此前提到建筑明星，并不是因为他们做出了令人惊叹的建筑，而是他们可以教导人们什么是建筑的意义，这是非常重要的一点。

澳底这个计划把很多建筑师集合起来，也吸引了媒体的目光，可是我们并不是要用媒体来为建筑进行销售，而是试图将建筑的新观念传递给大众，同时也把建筑的品质概念传达给一般人。

对我来说，虽然我们说着不同的语言、以不同的方式进行表达，但这些媒体采访、会谈、出书等等，最终的意义，都是在告诉我们自己“我们是人群的导师”这件事。这里头有个很简单的主题，那就是这些住宅的意义——每个人都知道别墅（villa）是什么意思，但我们必须重新去定义它；二十位建筑师，就有二十种截然不同的诠释方法，这实在是非常有意思的。

姚——让我来延续刚刚的这个议题。对我来说，澳底计划最有意义的一点，在于我们每一位建筑师所提出的，都是我们认为可能的生活方式（a way of living）。有时候在真实世界里的项目，我们实在无法奢望能做到这一点，因为这里头带有很高的实验色彩。

在我们这 20 个建筑组合当中，彼此似乎进行着一种“无言的对话”。我想最后，我们会回归到建筑师们对于该如何将建筑建造出来，以及该怎么使用这些住宅的方案。而在这段过程中，我们可以看到很多不同的文化观点与性格，这是非常有意思的。

IaN+——澳底计划虽然有着各种截然不同的住宅，但这些房子也是一种交会点（meeting point），就像在我的传统与文化，以及你们的传统与文化之间，我们共同找出一个可以沟通的桥梁，因此我认为这非常有趣。

刘——这个议题可以延伸到我的下一个提问。刚刚姚仁喜建筑师提到，澳底这个计划可以让建筑师们将未来的生活形式与思考模式结合起来，因此我把这个计划定名为“下一代基因”，因为基因不只是指下一代，也代表了所有未知的可能性。您刚刚提到了加入这个计划的原因，就是能够在里头扮演创造者、思考者的角色。所以，我想问问 Luca，当我们在罗马初次见面，邀请您加入澳底计划时，您心里在想些什么？

IaN+ ——当我接到邀请时，心里非常高兴。大概三年前，我们就曾在中国台湾参与过琉园水晶博物馆（Tittot Glass Museum）的设计竞赛，并且在第一阶段获得一等奖。当时，我还特别飞到中国台湾来参加决赛的设计说明，那时我就已经感觉到，我跟这里的人有很好的互动关系，而且也发现中国台湾人与意大利人在语言表达及沟通方式上的一些相似之处。

我想，建筑的意义并不是要教人变成一个建筑师，而是要去教导人们，什么才是“活”在空间的意义。

—— Luca Galofaro / IaN+

对于建筑师来说，一次重要的设计竞赛总是带有一些特别的意义。上一次在中国台湾的设计方案，同时代表着我在建筑设计生涯上的重要转折点。虽然琉园新水晶博物馆的计划后来停摆，但我在中国台湾又有了第二个机会，就是澳底。可以在这里完成我们的设计方案，是非常棒的经验。

姚——原来您对中国台湾地区已经有一些了解了，这点非常有趣。

刘——那么 Luca 您在第一次看到澳底这个基地时，心里最直接的感受是什么？

IaN+ ——澳底的景观实在非常美，让我联想起许多在意大利也有的风景，比如说托斯卡纳的绵延山丘等等。不过，澳底的景观与气候，还是与意大利截然不同。对我来说，设计独栋住宅是建筑师最困难的挑战，因为住宅是非常个人的；相较之下，医院、博物馆等公共建筑，做起来可能还容易得多。

值得一提的是，我在事务所做完这次的设计，把设计图交给你们之后，另外一个我最喜欢的部分，就是刘育东建筑师所策划、筹办的各种会谈与作品发表，除了可以向业主呈现我们的作品，也让我有了与别人交换意见、资讯以及互动的机会。

因此，我们大家在澳底，除了进行住宅的设计，也映证了我们同处于一个跨国的建筑网络；而我们不只是设计住宅，也一起发起专书的制作并且共同策划展览，这些都是非常有意思的。

所以你看，事实上这个澳底计划对我有三重吸引力：中国台湾地区本身、澳底的景观，以及与其他建筑师交流的机会。

刘——那么姚仁喜建筑师，您第一次看到基地时，当下的感觉是什么？

姚——虽然我就住在中国台湾，但我还是觉得这个基地相当独特，具有极为纯净自然的本质，让人印象深刻。如果要把托斯卡纳跟澳底相比的话，我想托斯卡纳对我而言是非常柔软（soft）甚至甜美（sweet）的意象。

IaN+ ——别忘了，那里其实还有污染（笑）。

姚——即使是这样，托斯卡纳对我来说还是世界上最棒的地方之一。相较之下，澳底有着至为极端的环境，天气好的时候十分宜人，有宁静的海，也有充满绿意的山丘；但有时澳底的气候会变得相当严峻，除了刮起强烈的风，还有云雨与山雾，自然环境一时间变得让人不易亲近。

在这种极端环境下要兴建住宅，是个很不同的挑战。因为住宅必须在极端条件下存活下来，这就代表了这里的住户必须比其他地方的居民，与自然环境有更强的互动。因此，这里的住宅如何能够捱过这些极端的自然气候与环境，是我在设计时不断思考的问题。

第二个我想到的，是刘育东建筑师所提出的"大地"这个观念，对我来说，这指的是要做一个与"土地"有关的设计，而不只是建筑而已。我想，"在大地上长成的物体"，也回应了东方设计的概念。

从某方面来说，在中国台湾地区，居住在独栋住宅当中是件稀有的事。独栋住宅大概只占中国台湾所有住宅的百分之五，大部分的人还是住在公寓里，因此，在这种自然条件甚为极端、却又相当优美的地方设计独栋住宅，对中国台湾人来说，或许也算是一种很特别的建筑宣言。

当然，在三百年前，这里的人们住的都是独栋的房子，可是现在我们的住宅不断往天空堆叠，此时的澳底计划，就是种饶富意义的建筑宣言(manifesto)，让我们可以重新思考，我们要如何与土地产生连结的关系。

刘——让我们来谈谈您的设计，姚仁喜建筑师这次如何去回应基地的自然环境或是此次的设计命题？特别是您这次的作品，看起来似乎与以前的设计相当不同。

姚——或许我在改变当中（笑），或许这也跟我在高雄卫武营的设计方案有些关联。不论是我自己，或者其他建筑师，相信大家都会自问一个问题，那就是住宅的居住本质（essence of living）到底是什么？

我心里想到的答案是：反对中国台湾的商业住宅建筑，也就是所谓的豪宅。这些豪宅，往往都是昂贵建材的不断堆砌。我将豪宅看做是数百万元等级的音响设备，它虽然笨重，但有它自己的独特音效；而这种高级音响的对比，就是摩登、高品质、随身可携、充满个人色彩的 ipod，它的价格不算昂贵，而且随处都可以使用。

我很喜欢中文所说的"破茧而出"，这就好像白天我们可以离开茧居的家，晚上又退隐回自己的家这个概念。我想要做的，就是回归人们对居住的基本需求。因为我们在每日终了之时，都需要回到安全的地方、隐遁到个人的私密空间，你可以在里面享有尽善尽美的设施，但也可能只是想要一个极为简单的自然环境来自处，这就是我设计住宅时的构想。

IaN+ • 姚仁喜 Kris Yao

这次的澳底住宅设计，当然也不是一味的只讲求个人，而是也有可与家人互动的空间。因此，我创造了一个人们可在其间进行互动的软性环境（soft environment），另外我也加入公共区域，具备接待访客等功能，这些细节都以非常实体的方式回应了极为封闭、属于个人茧居空间的概念。

此外，我还设计了一些功能较不明显的区域（less defined area），像是家庭共处的空间、起居空间等等，这些设计全都具备了与地层紧密结合的概念。我们也会在屋顶上栽种植物，让植栽也成为景观的一部分。

刘——那么 Luca 呢？您的设计构想始于帕拉第奥（Andrea Palladio）的圆厅别墅（Villa Rotonda）是吗？

IaN+——这个设计方案与我们的其他作品不同，不过，还是有类似的设计概念。比如说，在处理建筑与景观的关系等做法上，我们试着改善别墅与景观之间的关系，让两者进行对话，并且试着找出建筑与景观之间的限制与共通点。

我们另一个主要的想法是，也许业主邀我们来台湾设计住宅，就是想要一幢意大利式的别墅吧？正好，帕拉第奥在意大利就代表了别墅概念，而圆厅别墅又是帕拉第奥最早提出 belvedere（美景）★建筑概念的发展典范。

因此，在意大利，belvedere 既有别墅的象征（typology），也代表了所有拥有极佳视野的建筑类型。所以我们往往会看到，在小村落等可以享受绝妙景致的地方，建筑师通常会加进柱廊或门廊（portico）、露台（terrace）等等建筑元素，营造出使用者与景观之间的关联性。帕拉第奥设计圆厅别墅，就是要达到 belvedere 的目标，借由这样的方式，让建筑与景观发生关系。

帕拉第奥恰好是第一个有这样的想法，并且将之付诸实现的建筑师。他让当时住在城市里头的富裕人家，可以借由郊外的美景别墅以及优雅景观，重新与土地产生联结。

这就是我们的构想起点，我们想到的是，重新赋予帕拉第奥作品新意。我们的圆顶将会把室内空间分成九个部分，每个部分都与景观产生不同的关系。整栋房屋可以分为三个层次，包括地下室、主要楼层（piano nobile，也就是提供接待宾客等功能的公共空间），以及供生活起居之用的房间等 3 层。

帕拉第奥在圆厅别墅里采用了巨大的圆顶结构（cupola），因此，我们也想到要使用这些基本元素。刚刚说的第一个层次，将会成为与景观产生连结之处；第二个层次即为主要楼层；再来第三个层次，是私人空间，同时也是“屋中之屋”（the house inside the house）的概念。我们就是由这些概念出发，试着赋予这幢住宅新意，因此在第三个楼层，我们不再采用帕拉第奥圆顶，而是营造出人为的景观，为住宅外观增添些许绿意。

从帕拉第奥出发，我们反思自己的意大利传统，同时也借由材质以及生活空间的配置与选用，思考可以怎样与中国台湾的传统文化产生共鸣。

刘——这次的计划确实是个很好的机会，让我们每个人可以重新思考自然环境与建筑之间的关联，并且把焦点放在“大地”，而不是只用传统方式来进行基地分析，或仅仅只是探讨景观议题。

刚刚姚仁喜建筑师提到的“无言的对话”，我觉得很有意思，因为澳底计划与其他的建筑集体创作，比起来多了一些对话的过程。不论是北京“长城脚下的公社”，或是南京佛手湖的“中国国际建筑艺术实践展”等等，就我的了解，参与的建筑师也许会知道彼此在做些什么，但似乎都没有面对面讨论的

机会，只能到最后当建筑落成时，才能了解其他建筑师最终的设计目标。

这次在澳底计划当中，我们让建筑师互相认识，再来看看彼此的设计以及修改的过程。所以，我想请问两位，在这样的过程中，您怎么与自己基地隔壁的“邻居”建筑物以及建筑师进行对话？

姚——我在南京佛手湖的“中国国际建筑艺术实践展”计划中，只在访视基地时见过其他建筑师一次，不过也就仅止于此。

参与南京佛手湖计划的经验，让我感觉好像去到一个派对，但却不认识其他参加派对的人；后来我才知道，其他参与此案的建筑师也有同样的感觉。相较之下，虽然在参与澳底设计方案之前，建筑师们互不相识，但我相信今天一旦见了面，大家很快就能建立某种关系。

另外，澳底这个计划还有个特别之处，那就是不论命题是否有些模糊或抽象，至少还有个“大地建筑”的创作主题存在，而基地也对这个命题作出很好的呼应，让人明确感觉到景观、海洋与自然环境的珍贵。

由于我们与其他建筑师都有见面的机会，虽然不一定会与每个人说上话，但观赏到彼此的作品，其实就是一种对话，这也是让人较容易产生投入感（engaging）的一种过程。

刘——那么对两位来说，这个过程是更加有趣，还是更有压力？或者是更能激发出创造力？

姚——我想应该是更加有趣，尤其是有了这个对话的过程。

IaN+ ——我想要补充一点，虽然我错过了一月份的首次发表会与工作会议，但这次我一抵达中国台湾之后，马上就想从网上下载每位建筑师的设计内容，看看他们如何做出各自的设计决定。

如果你们来到我们在罗马的事务所，就会看到我们的建筑师对于这个方案都投以特别的关注。对我们来说，这不是一次设计竞赛，而是一种近乎参与会议般的准备过程。

澳底计划最有意义的一点，在于我们每一位建筑师所提出的，都是我们认为可能的生活方式。……我想要做的，就是回归人们对居住的基本需求。

——姚仁喜

我们事务所里的年轻设计师都对澳底计划其他建筑师的设计很感兴趣，上次会后我们也对所有的设计作品进行了热烈讨论，因而引发出一种强烈的“参与感”；我们看着某一位建筑师的作品，感觉就像是认识了这位建筑师本人。

当你翻开设计杂志，往往可以马上在里头发现世界各地所有令人惊叹的建筑设计。但无论如何，这都跟你亲自到现场去研究一件方案、认识与你一同为这个方案并肩设计的建筑师、互相提出疑问，让彼此有所对话与讨论，还是完全不一样的感觉。

★ 注1：Starchitect是由Star以及Architect两字复合而成。

★ 注2：意大利文Belvedere，为Bello（美丽）与Vedere（景观）两字复合而成，有“拥有优美俯瞰景致的高地”，或是“优美的俯瞰全景”之意。

IaN+

帕拉第奥别墅 |自然隐喻|

Villa Palladio natural metaphor

【house 07】

"当我待在那里时，不论是智力或身体的，我都从来不曾感觉到，还有其他地方会比那里更舒服的了。事实上，我阅读文学作品来陶冶我的心灵、用打猎来锻炼我的身体；我的仆人们亦是感到如此，在那里他们比较健康……我只希望在未来，上帝亦还能继续给我这般的欢乐，并使这块土地持续保有这样的优点。"

——小普林尼(Pliny the Younger，古罗马作家、政治家)

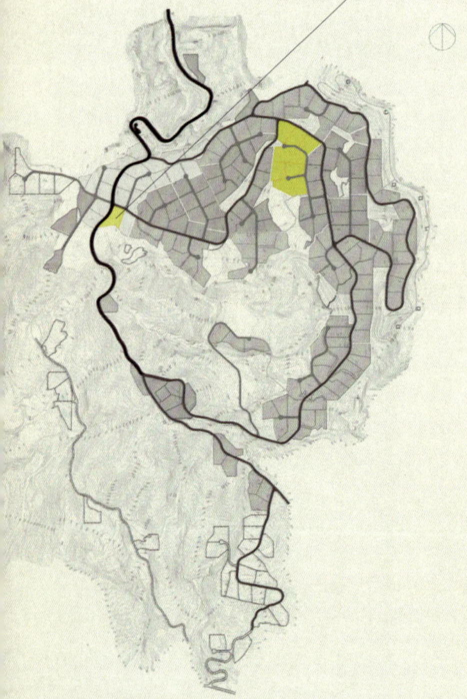

Next-Gene 这项建筑计划的要点之一，是希望我们能对这美得不可思议的别墅基地做最充分的利用，并使建筑成为四周景色的一部分。我们尝试了各种能够使居住空间与外在世界产生联系的方式，来寻求自然与人造环境的并存。

庭园可以是内部空间的延伸，使居住者能够完全沉浸于大自然之中；在这样动态的关系里，建筑物成为观察据点与某种机制，让人们可以透过该机制，真正住在风景里。

我们在这次的建筑计划中，提出了"生态化"的"帕拉第奥别墅"。我们寻求的是将建筑模糊地融入景观，而不是将建筑塑造为某种阶级的代表。房屋与风景同样都是生活空间，两者应该同等重要。

我们的设计方案从帕拉第奥式的平面轮廓细部出发，由一个圆形开始，根据四个视觉准线呈放射状开展出来，成为九个部分，每部分都可与大自然建立不同的关系。此外，这幢别墅共有三层楼，每一楼层也都与四周景色建立不一样的关系。

第一层楼与环境直接产生关连，大自然与人造物彼此相对。连通室内与户外的走道由打洞般的墙壁居中联系，就像树枝一般的，自房屋延伸、转向外部的围篱；这些延伸与扩展都是让房屋与四周景色直接产生关联的方式。事实上，每一个内部区域，包括厨房、健身房、桑拿房以及未特别规划用途的空间，都有类似天井的设计，可与外在环境联系。

第二层楼反映了房屋的现代想法，是一个开放式的楼层；在这层楼当中，透明主宰一切，清楚地表达了这里属于房屋的公共空间。此外，这也是一个可以凝视、眺望风景的地方。室内与室外的交会是清晰的，而且是透过既开放又封闭的连续循行空间来解决的。这层楼借由像手臂一般、由房屋突出至下方庭园的斜坡道及外部楼梯，与周围景色相连。

建筑设计 IaN+ Architecture and Engineering | **建筑师**：Carmelo Baglivo, Luca Galofaro，**工程师**：Stefania Manna
专案建筑师 Andrea Leonardi
设计团队 Fernando Laserna, Joshua Mackley, Eloisa Susanna, Chiara Scocco, Yuri Strozzieri, Manuela Gentile
模型制作 Modelab
本土建筑合作 杨家凯 | 中国台湾余弦建筑师事务所

第三层楼是最亲密且温馨舒适的地方；虽与庭园没有直接的接触，但却有屋顶自身以弯曲的波浪状形成人造风景，将别墅与周遭的自然环境整合在一起。每一个房间都是独立自主的壳室，它代表着完全私人的空间，是在房屋内部的微小房屋。每个房间都用能够映照出环境的镜面玻璃关闭起来，形成一个个受到保护的小壳室，与地平线上不同的观察点建立起特殊的视觉关系。

这块基地的景观，可以视为具有高度“非经人工种植的”特性的自然系统；如此一来，每位屋主将能够依喜好选择植栽与植草品种。如此形成的自然风景与人类围篱起来的风景，将是相对且相抗衡的。

在整体规划方面，我们尝试将描绘出重要别墅特色的主要元素保持不变，再将这一系列不变量加以组合，以确保每位屋主所拥有的房屋都有不同的特色。

在高度（两层楼或三层楼）、屋顶景观、外墙形状与材质等方面的变化，创造了都市系统的复杂性，以及与周遭景观对话的不同方式，同时也造就了每幢别墅成为独一无二的物体。

概念 Concept

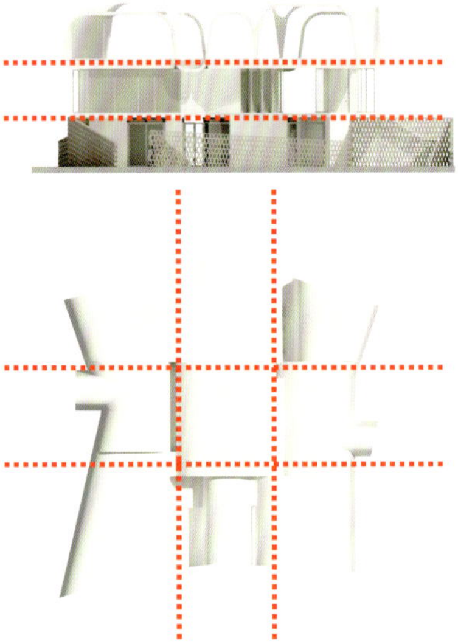

帕拉第奥别墅的“三段式”设计
Villa Palladio thriparted scheme

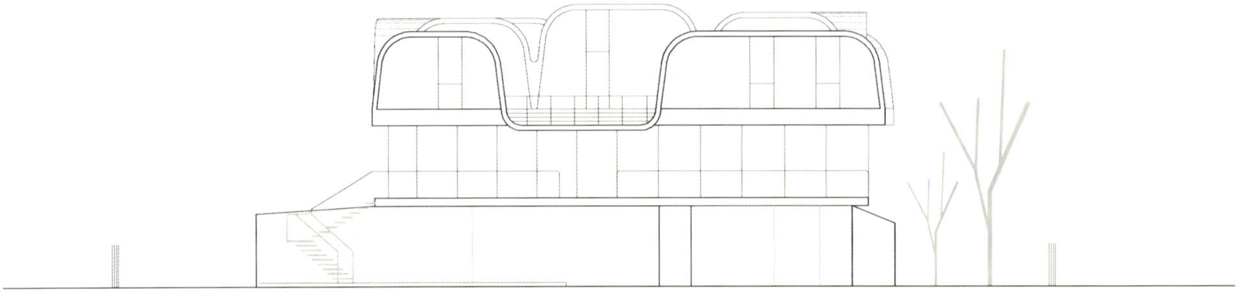

北立面 NORTH ELEVATION

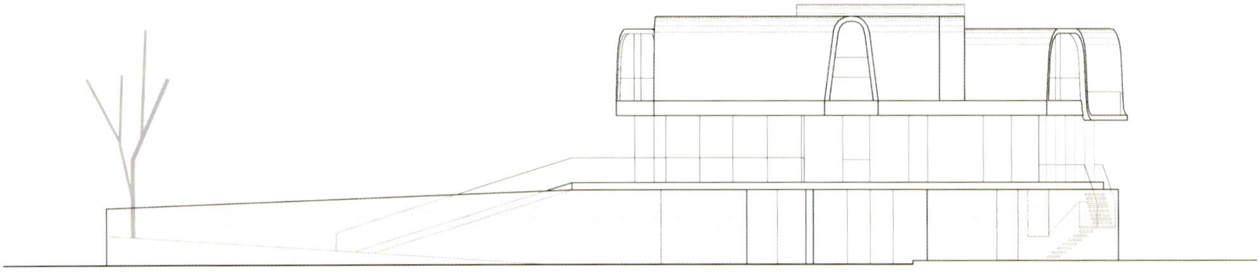

东立面 EAST ELEVATION

立面图 Elevation

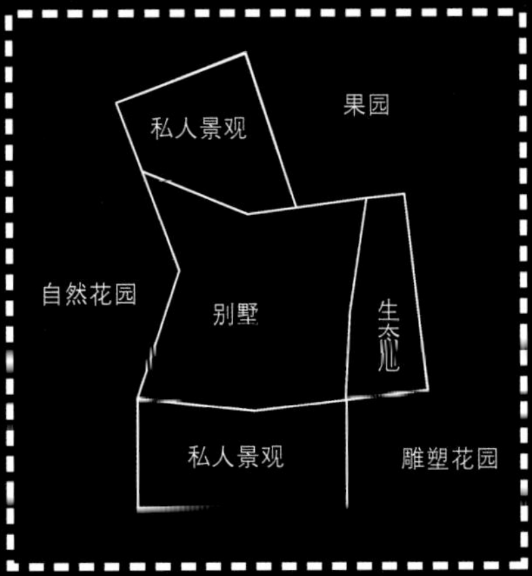

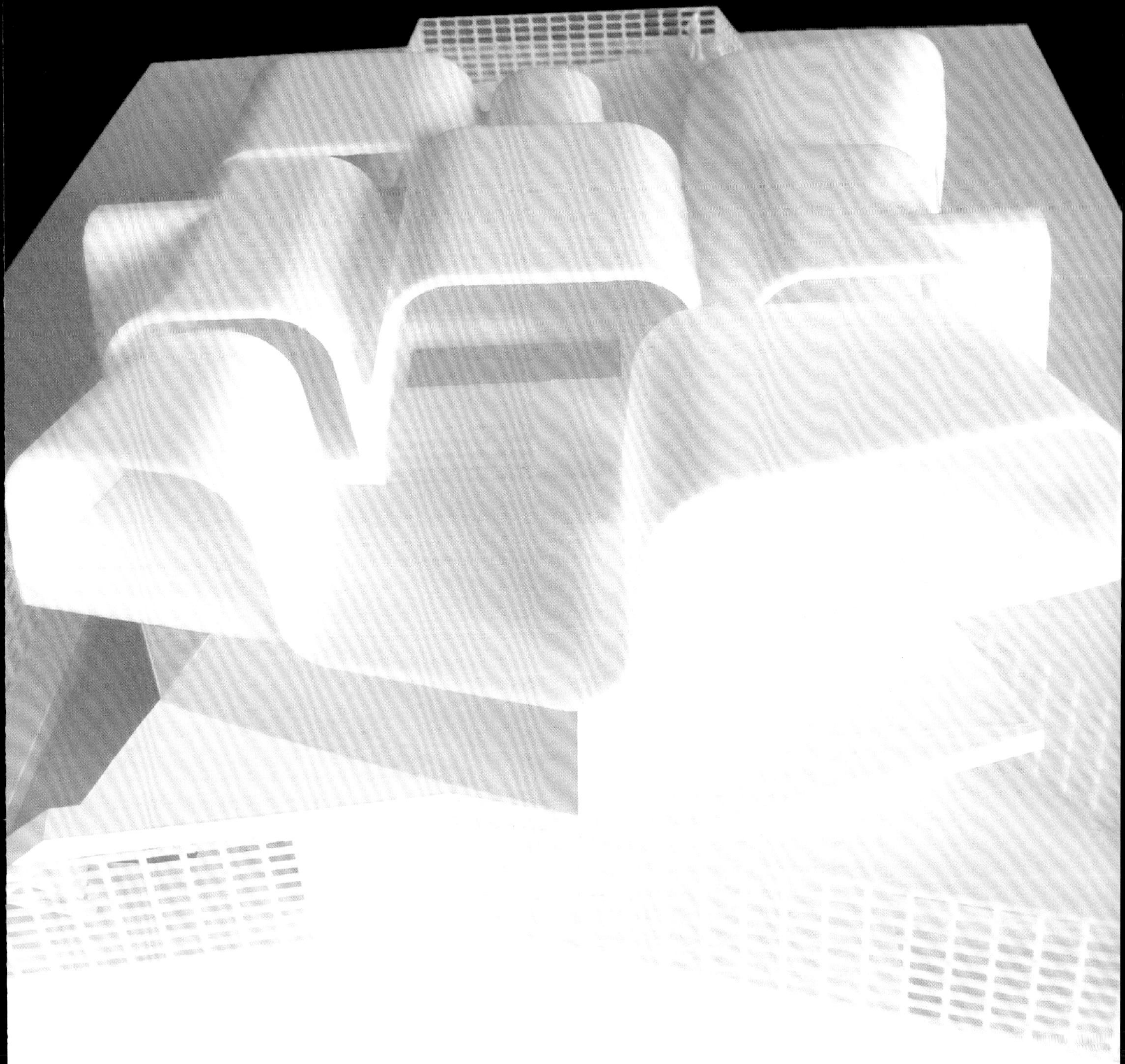

模型 Model

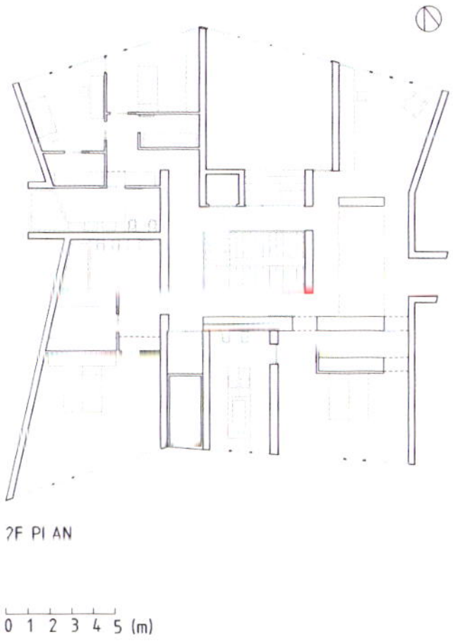

平面图 Plan

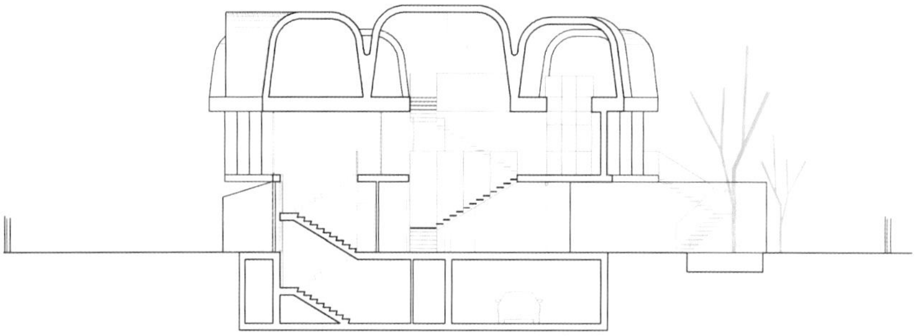

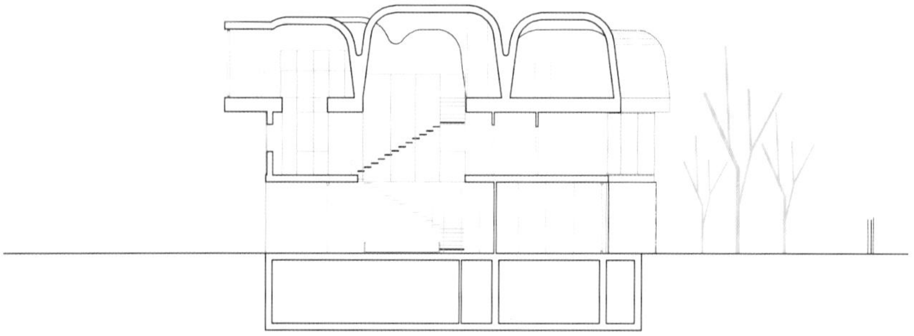

剖面图 Section

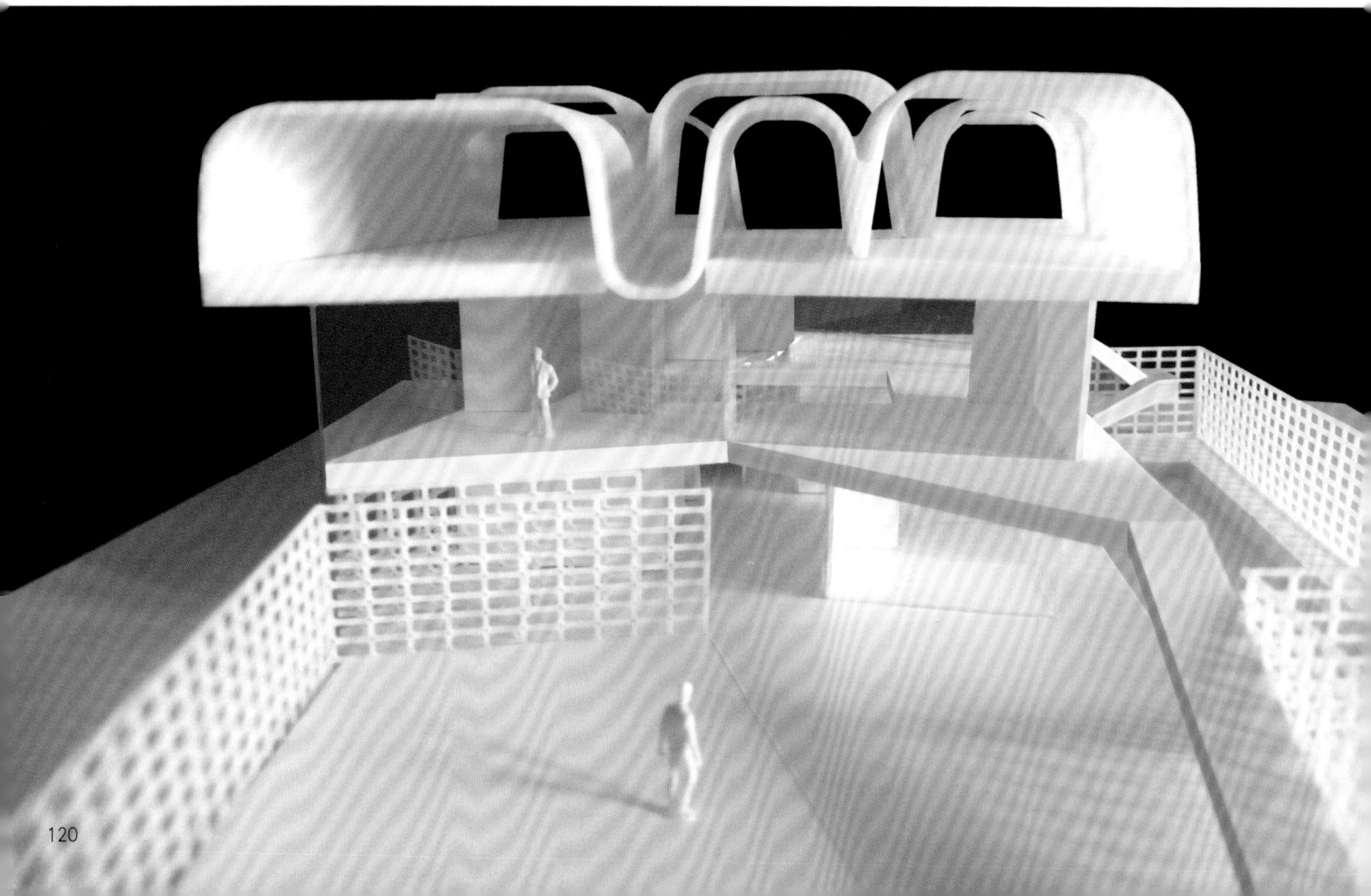

【Zone 07】

总平面方案 Masterplan scheme

效果图 Rendering

House & Zone 08

姚仁喜/ Kris Yao

禅简
Cocoon

【house 08】

一个生活的茧。

在建筑中，内部体量“核”容纳了居住所需的机能性空间；外部的“壳”则给予居住者在其间活动所需的庇护，同时也提供居住者另一层面的公共活动空间。

“壳”由一系列的钢结构拱所组成，拱之间随机呈现着竹子与金属管，沿着壳的内侧依附着可活动的遮阳帘。壳与布帘的光影变化，构成了诗意的户外空间体验。随着时间改变，拱渐渐被自然的藤蔓所掩盖，弯曲的形状就像是从土地延伸而出的一部分。

“核”存在着三个公共与私密的层次。最顶层是主卧室，以下的两层除了卧室以外，包含客厅、书房、游戏间、健身房及厨房。餐厅和另一个多功能空间被独立于主空间之外，分别以游泳池、温泉池与荷花池作为其与核之间的空间区隔。

主卧室有两个阳台，其中之一为半室外的专属温泉房，以游泳池和远山作为背景；客房的阳台则以荷花池为视觉焦点。这些从核生长出来的阳台，是室内与室外的中介转化空间，除了呈现出最好的景观，也为建筑增添了新的特点。

建筑的内外架构创造了丰富的空间层次及属性，从私密到公共；由内聚而延展外放；从坚实到柔软；由围闭而渐次开阔。此一内外双层架构所界定之空间脉络，则彰显出其可随着居住者不同的活动与需求任意变化。

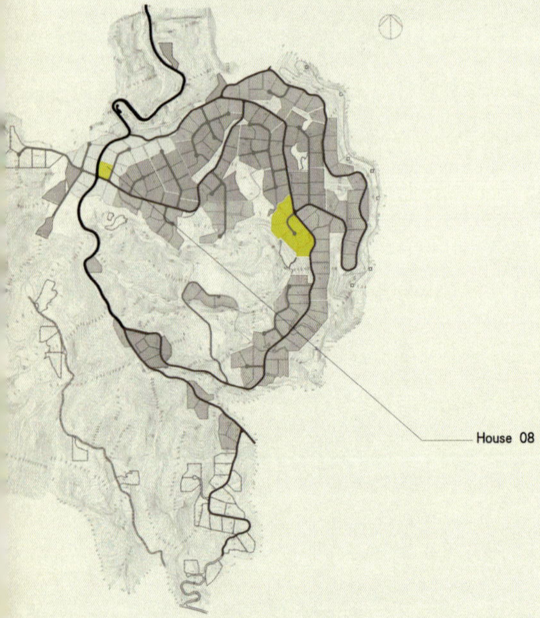

建筑设计 姚仁喜 | 大元联合建筑师事务所
结构顾问 杰联工程国际股份有限公司
机电空调顾问 恒开工程顾问有限公司

基地面积 2630 m^2
占地面积 247 m^2
总建筑面积 598 m^2
建筑物高度 10 m
楼层数 3

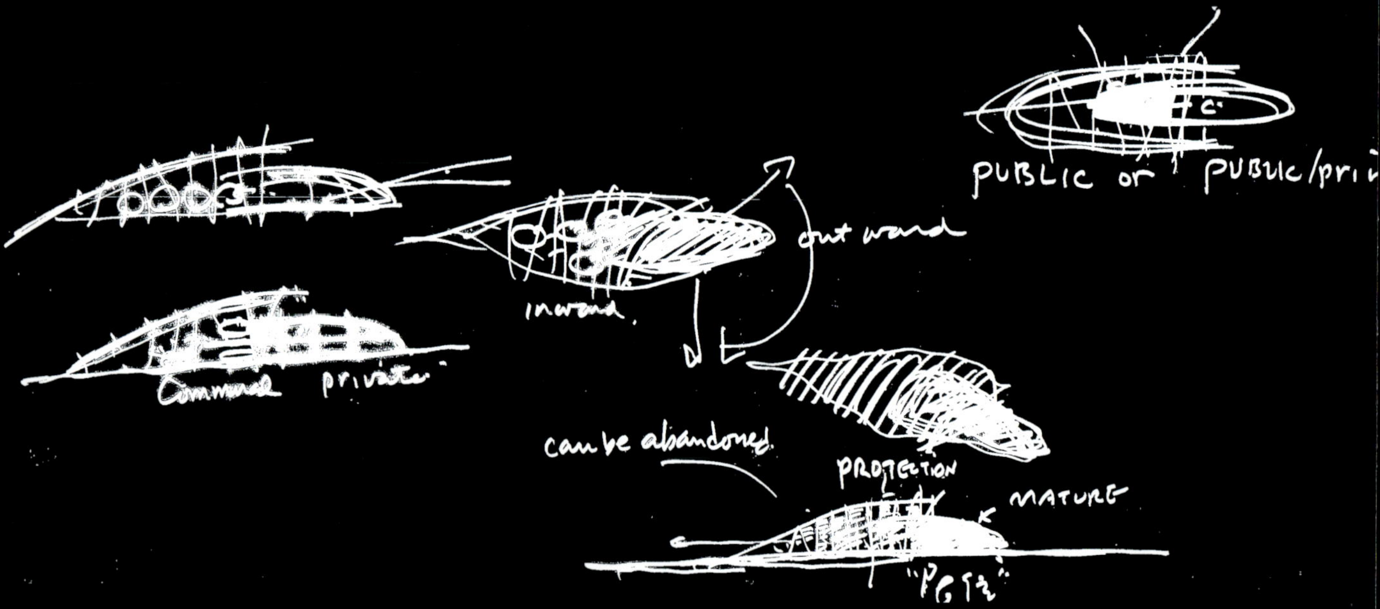
PUBLIC or
out ward
inward.
Communal private
can be abandoned
PROTECTION
MATURE

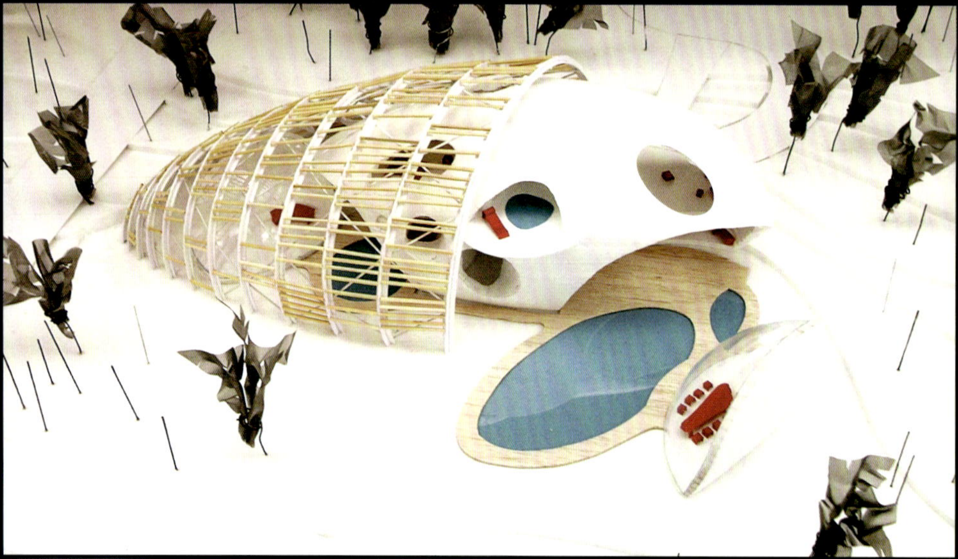

景观 Landscape

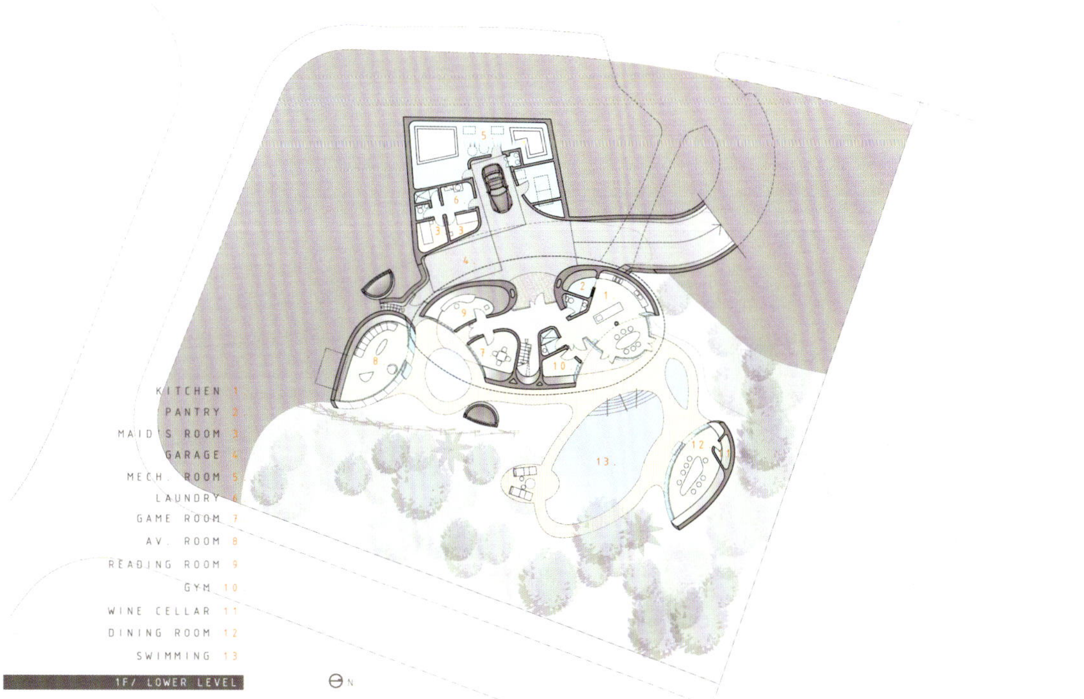

平面图 Plan

立面图 Elevation

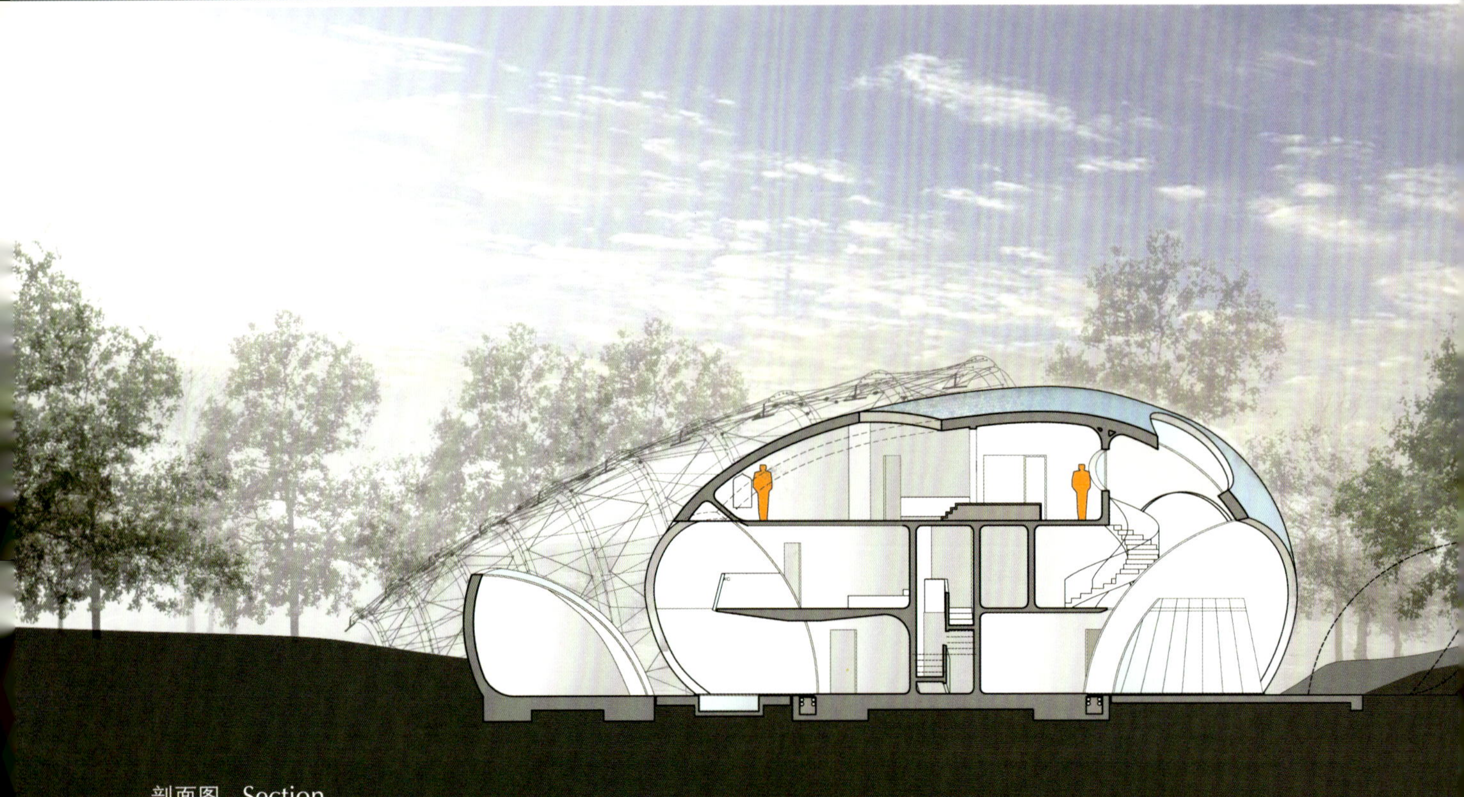

剖面图 Section

效果图 Rendering

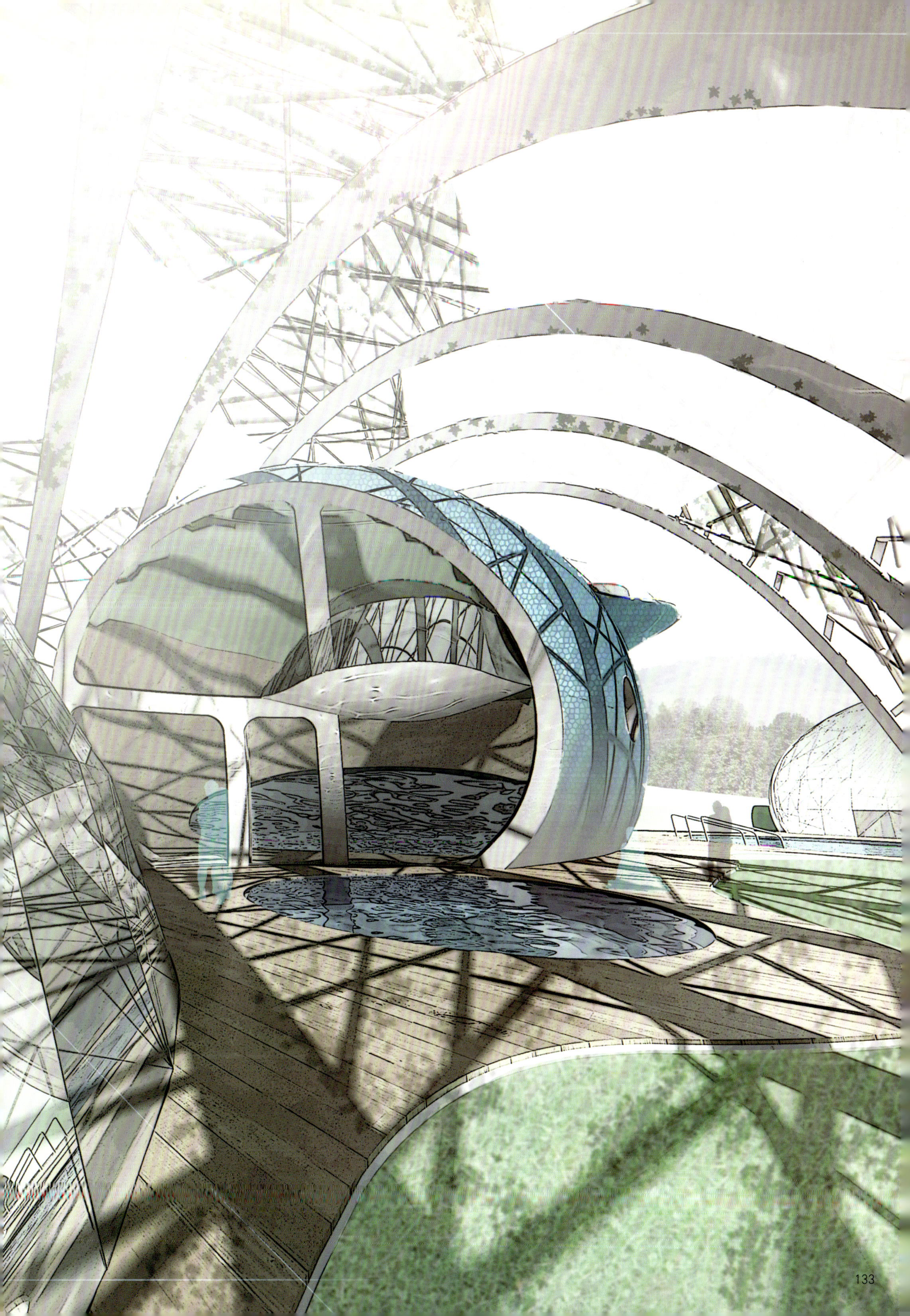

【Zone 08】

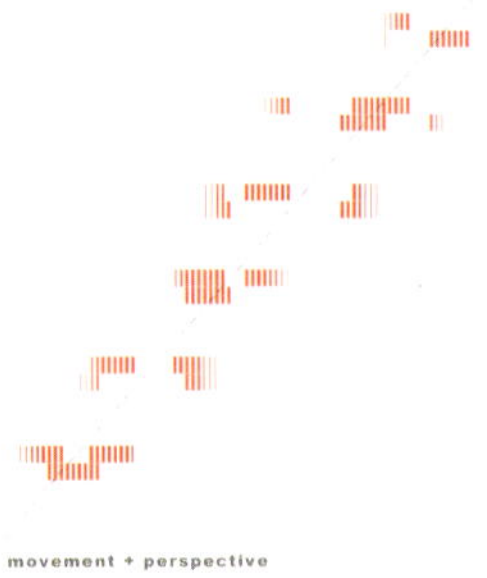

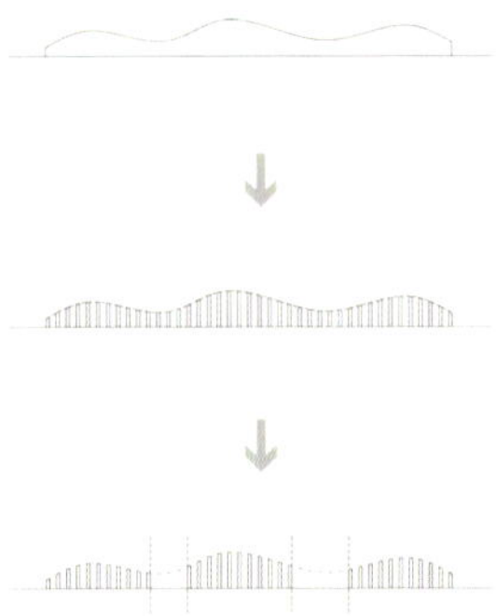

对话 5/10

森俊子 Toshiko Mori

曾成德 David Chun-Tei Tseng

森俊子 Toshiko Mori · 曾成德 David Chun-Tei Tseng

对话 5/10

森俊子 Toshiko Mori • 曾成德 David Chun-Tei Tseng

刘育东（以下简称刘）——我想请问两位，在当今的建筑潮流当中，您观察到最关键的建筑议题是什么？

森俊子（以下简称森）——我想，环境议题，包括气候的变迁等等，是我们必须关心的。我们不能逃避这些改变，也不能够走回头路。建筑物在全球消耗的能源量当中，占去高达百分之四十的比例，比汽车整体的耗能还要多；我们得去关注臭氧层等问题，这只是时间早晚而已。

刘——您从自己的设计，或是其他建筑师的设计上，观察到未来建筑的走向可能会是怎样的？

森——说到建筑未来的方向，既然我也在学校里教建筑，那么我想第一个议题就是去思索，学生如何学习去设计具有环保意识、可持续发展的建筑，并且用一种对环境负责任的态度来进行营建。

第二个我观察到的点，就是当前的建筑似乎只为社会组成光谱上非常小的一部分人服务。建筑师如何能在保有社会平等的意识下进行设计，并且为社区服务，提升人们的生活品质，这也是年轻一代建筑师所必须面对的重要议题。

第三个议题，我认为应该去关心那些被我们的目光焦点所遗漏的区域，那就是非洲大陆；这么广袤的一个地区，却没有培养出什么建筑师，也没有人去关心那里的建筑教育等议题。

刘——那么您不担心亚洲、中国或是印度等地区的建筑发展吗？

森——这些地方其实已经有人在关注它们的发展，我们已经可以看到亚洲、中国、印度的建筑师努力钻研建筑、进行执业，这些区域的建筑其实已经动了起来。但若是以全球的角度来看，建筑在非洲还是一片空白，不论是实际上或是打个比喻来看，都像个黑洞一样。

刘——那么，曾成德建筑师，您在听过了森俊子建筑师的想法后，能不能也谈谈目前的关键建筑趋势，您认为有哪些是特别值得关注的？

曾成德（以下简称曾）——森俊子建筑师刚刚提到，对于下一代的建筑师以及都市规划师来说，环境意识会是最重要的议题。提到环保意识，我们不只该去思考建筑材料、建筑方法论（building/ construction methodology）等等，还有许多因素也应该纳入。

在中文里头，尽管我们提到“三生”这个想法是有些老生常谈，但其中所包含的概念：生态（ecology）、生产（production）、生活（life）却是十分重要的。对我来说，“生产”是种都市议题——你住在城市里头吗？你在哪里工作与生活？这是人们常在谈论的一种新的都会生活形态，我相信这也是引向探讨都市主义（urbanism）时，一种对待生态的态度。我们应该在建筑教育与建筑执业里，去提倡“三生”这样的观念。

森——矛盾的是，美国曾经作过调查，试着找出最讲究生态的行政区域，调查结果发现，纽约市排名第九，新泽西州的排名比较前面，可能是第五，比加州或是科罗拉多州的排名都要好；而且纽约也比缅因州、新罕布什尔州、佛蒙特州或是蒙大拿州要来得环保和可持续发展。

在加州以及科罗拉多州，因为人们常常开车，并未彼此共享能源，造成了大量能源的消耗。如此看来，城市似乎反而有助于环保可持续，因为城市里的人们可以共享资源，这是非常令人惊讶的结果。

至于亚洲城市，如果人们能共享能源，人口密度高反而有助于可持续发展的概念。比方说，我们在城市里可以步行到达很多地方，以节省石化燃料；

在办公大楼，我们也可以将多余的热能回收再利用等等，其实还有很多方法都是可以做到的。

刘——在您眼中看来，最讲求环保可持续的国家是哪些？

森——新西兰、澳大利亚在我看来都是重视环保的国家。在欧洲则是德国，因为他们有鼓吹环保的绿党，环保政策也非常严格；此外，他们还有相当活跃的环保运动，连现任总理以前也是环境部长出身。

刘——那么，您觉得当前日本的环保可持续意识发展得如何？

森——日本也发展得很不错，我们知道自己是个岛国，自然资源有限，所以环保意识一直都很强势。我们清理了很多工业废弃地；而像是京都等地的溪川，在二十多年前都还污染得很严重，现在则已经整治到可见游鱼、可以垂钓的地步。整体说来，环保政策的帮助很大。

刘——好，那让我们再回到第二个问题。请问曾成德建筑师，您觉得下一代的建筑该走向何方？

曾——让我从Next-Gene设计团队的建筑师来说起，来自西班牙的Fernando Menis已经超过五十岁，但他还是不断设计出令人惊叹的建筑。另外，我们还有二十多岁的建筑师，像是平田晃久，也做出了令人觉得不可思议的作品。

因为有了帮助我们解决建筑造型难题的新颖工具，所以似乎已经将二十多年的执业经验差距缩短。

以前困扰着建筑师二十年、三十年甚至四十年的那些造型上的难题（formal issues），像是美国建筑师彼得·埃森曼所谈的那些技术，尽管曾经让建筑师忙得团团转，但现在却已不再是个问题了。

就像我们可能觉得伊东丰雄先生，好像要表达的是内在与外在的无缝状态（Seamlessness），这在从前或许是个关于美感的议题，但现在对我来说，要把建筑做成这样的状态，已经是一种道德上（ethical）的议题。

我很高兴看到森俊子建筑师这次的设计，是从通风、日照开始考量，这也许有些平凡无奇，但却是很重要的，因为她试图在一个不同的国家进行符合当地的设计。

森俊子 Toshiko Mori · 曾成德 David Chun-Tei Tseng

拉回至刚刚所说的，现今的设计工具功能是如此强大，似乎将我们以前面对的造型等难题都排除了，但是同时，建筑师永远都需要面对的重要议题，像是环境、材料等等，这些我想都还是我们终究得好好聚焦检视的。

澳底是非常美的基地，亚热带的气候，塑造出梦幻一般的景观……。所以我马上告诉自己，为这个基地提出的建筑，应该要能在景观与建筑之间取得平衡。

——森俊子

森——也许我们应该把这些问题整合起来看，因为以往我们总是倾向于将议题分类为诸如：哲学性、造型、材质议题等等。但是材质议题还没有理论化，造型议题也还没有实质化，而我们已经走到了一个临界点，可以试着把这些议题整合起来观察。

刘——说到这里，我想起您曾写过一本著作名为《非物质/超物质——建筑·设计·材质》(*Immaterial/Ultramaterial: Architecture, Design, and Materials*）是吗？

森——是的，现在我也正专注于另一个出版计划，叫做《建筑中的构造纹理》(*Textile Tectonic in Architecture*)，这本书是与建筑的构件（fabrication）相关的。我在这本书中要谈的有几个面向，包括构件、材质、构型、技术等等，这些面向似乎都各自往不同的方向发展，不过我想应该可以整合起来观察。

刘——让我们把焦点移到我们这次的澳底计划。当您受邀加入这个集体的创作计划时，您心里怎么想？

森——我想，这是一个与其他建筑师进行专业对话的绝佳机会。我们在美国的学院里头的确会有专业的对话，但在实际的建筑执业上，却很少机会能有“同事”可以分享意见与点子，所以这是非常难得的机会。

刘——当我第一次打电话邀请您来加入这个项目时，曾成德建筑师心里想的是什么？

曾——我的第一个感觉是“这是认真的吗？”接着，我马上想到在德国斯图加特的白院住宅(Weissenhof siedlung)，以及日本的香椎 NEXUS 住宅计划这两个案例。

我非常惊讶，也非常高兴这样的设计案要在中国台湾发生了。我知道现今的气氛，很多人对澳底这个项目的理解，就是它是与建商结合的开发案例，但我却并不这样看。从昨天下午的设计发表会来观察，这个项目对我们下一代的建筑师来说，是让他们有机会可以亲自看看其他设计师如何说明自己的设计、如何面对各种不同的议题挑战，这是非常重要的。澳底计划如此宽广的设计光谱展现，已成为中国台湾建筑界发生过的最好事情之一。

听到森俊子建筑师亲自说明她的设计理念，这种经验绝对不同于在建筑杂志上读到相关的报导，而是一个亲身参与的过程。大众也可以借由建筑师的说明，了解建筑如何成形，这在“教育”来说是非常重要的。

刘——我们知道曾成德建筑师住在台中，当您第一次看到澳底这个建筑基地时，您眼中看到什么？觉得可以怎样诠释这个项目？

曾——这个项目与我过去十多年来所做过的规划案例极为不同。很久以前，我做出的第一个方案是座农舍，使用极为便宜、非常本土的材料，像是水泥混凝土等等，一坪只需约四万块钱。不过后来我的作品，多半属于都会性格浓厚、高密度、垂直发展的建筑。

至于澳底这件作品，我的灵感得自大地的水平线条，也就是地形地势（terrain）的发展。很有趣的是，澳底这个项目竟然与我最初盖出来的第一幢作品有所连结，我必须面对好久以前我在设计第一幢作品时所遭遇的问题，我已经十多年没有承接过这样的项目了，因此非常高兴。

刘——再请问森俊子建筑师，您在日本以及其他国家都有自己的设计案例，那么当您首次看到澳底这个基地时，您眼中看到的是什么？

森——澳底是非常美的基地，亚热带的气候，塑造出梦幻一般的景观，自然环境、整个视野所及都很漂亮。所以，我马上告诉自己，为这个基地提出的建筑，应该要能在景观与建筑之间取得平衡。

在美国，我是一个很有“挫折感”的景观建筑师，我很喜欢造景，我有自己的花园与农场，但我却一直没有机会进行景观设计的项目。既然我是个园艺家，我知道怎么用园艺造景，而我也是个建筑师，所以这次我要结合两者，亲自做出与自己的建筑融合为一体的造景设计（笑）。

刘——我们已经在发表会上看到您的作品，也经过了集体的会议讨论。请问您这次的设计如何回应“下一代基因 Next-Gene”以及集体创作的主题？

森——我觉得我们应该要有一次集合二十位建筑师的会面与讨论，这样对于整体规划上也会有所帮助，也许可以找出一个共同的主题。

至于回应此次设计主题的方式，我想就是设计出能呼应当地自然环境与景观的建筑。我在美国曾做过不少类似尺度的住宅，其中有许多都是屋主的第二个住家，那些屋主之中有不少是富有的美国人，他们会严格检视设计是否具有品位。

我在那些过程中，发现到有个新的趋势，就是这些优雅世故的业主不喜欢大豪宅，他们喜欢的是简洁的设计，不拘形式（informality）以及富有功能性的空间变得非常重要；而且，他们也不喜欢雇用大批仆从，反而崇尚自给自足、单纯的生活。

森俊子/Toshiko Mori

山灵别墅
FlexiVilla

【house 09】

“山灵别墅”力求将住宅与澳底美丽的自然环境融合得天衣无缝。借由连接室内外空间的方式，倡导一种健康的生活风格——整合了住宅与风景，以使人们的生活方式更符合生态。

基于功能性的邻接方案，规划了三栋紧邻但独立的建筑物，分别是主馆、花园馆以及水池馆。这三馆分布在整座基地上，形成了大尺度的舒适宅院。整体配置以分散的方式将景观做最充分的利用，以对现有的、小而密集的都市住宅做出反映；无论居住者或建筑物本身，都能获得宽敞的呼吸空间，进而创造出私人空间与室内外聚会交谊空间的独特结合。

这三馆的格局配置，本身即具有弹性机能。未来会购买的屋主，可能是多代同堂的家庭，主馆将能满足所有家庭聚会的需求。同时，祖父母、小孩与客人可分别待在其他馆，以享有更大的隐私。此外，这三馆还可以用不同方式来做安排，以因应多变的基地环境。由于基地易受强烈的亚热带阳光与强雨量的影响，因此有遮雨棚保护房屋免受大自然力量的侵袭，进而使户外活动得以在各种气候下进行，同时也将各个馆相连，形成可挡风蔽雨的通道。

“山灵别墅”的设计整合了可持续性的考虑：房屋朝东，以便利用最佳景色，并且形成良好的贯流式通风；符合生态概念的当地材料，例如竹子，则可以作为混凝土的模板，或者是室内的涂饰材料。

建筑设计 Toshiko Mori Architect PLLC
主持建筑师 Toshiko Mori
专案建筑师 Rick Lam
本土建筑合作 曾成德 | CitiCrafts 建筑作坊

基地面积 2533 m^2
建筑面积 主馆 384 m^2 | 花园馆 128 m^2 | 水池馆 50 m^2
外部结构 竹模质感混凝土外墙、绿化屋顶
内部结构 磨石子地板、竹地板、轻隔间墙

总平面图　Site plan

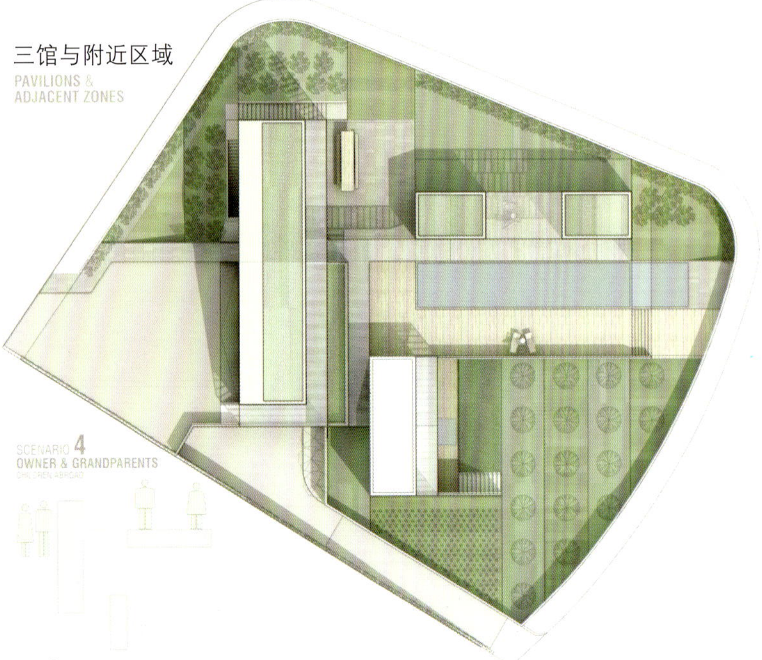

功能序列　Usage scenario

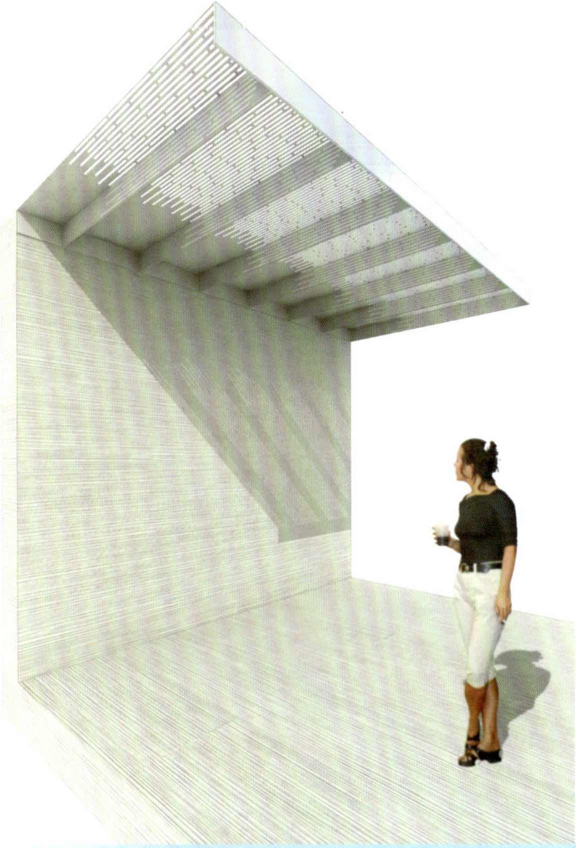

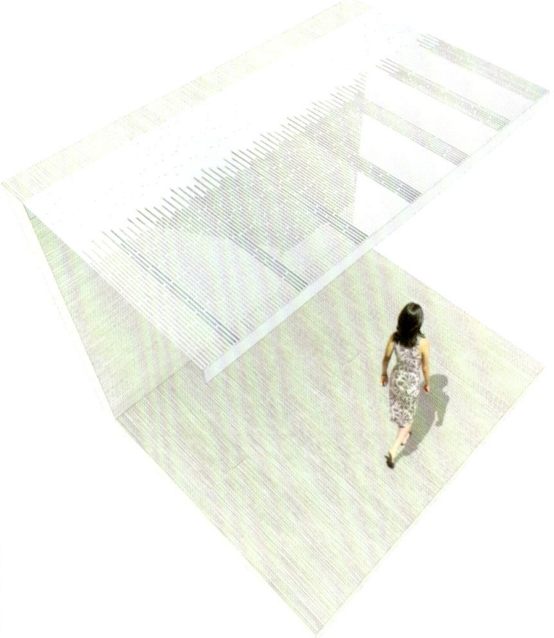

顶篷
Canopy

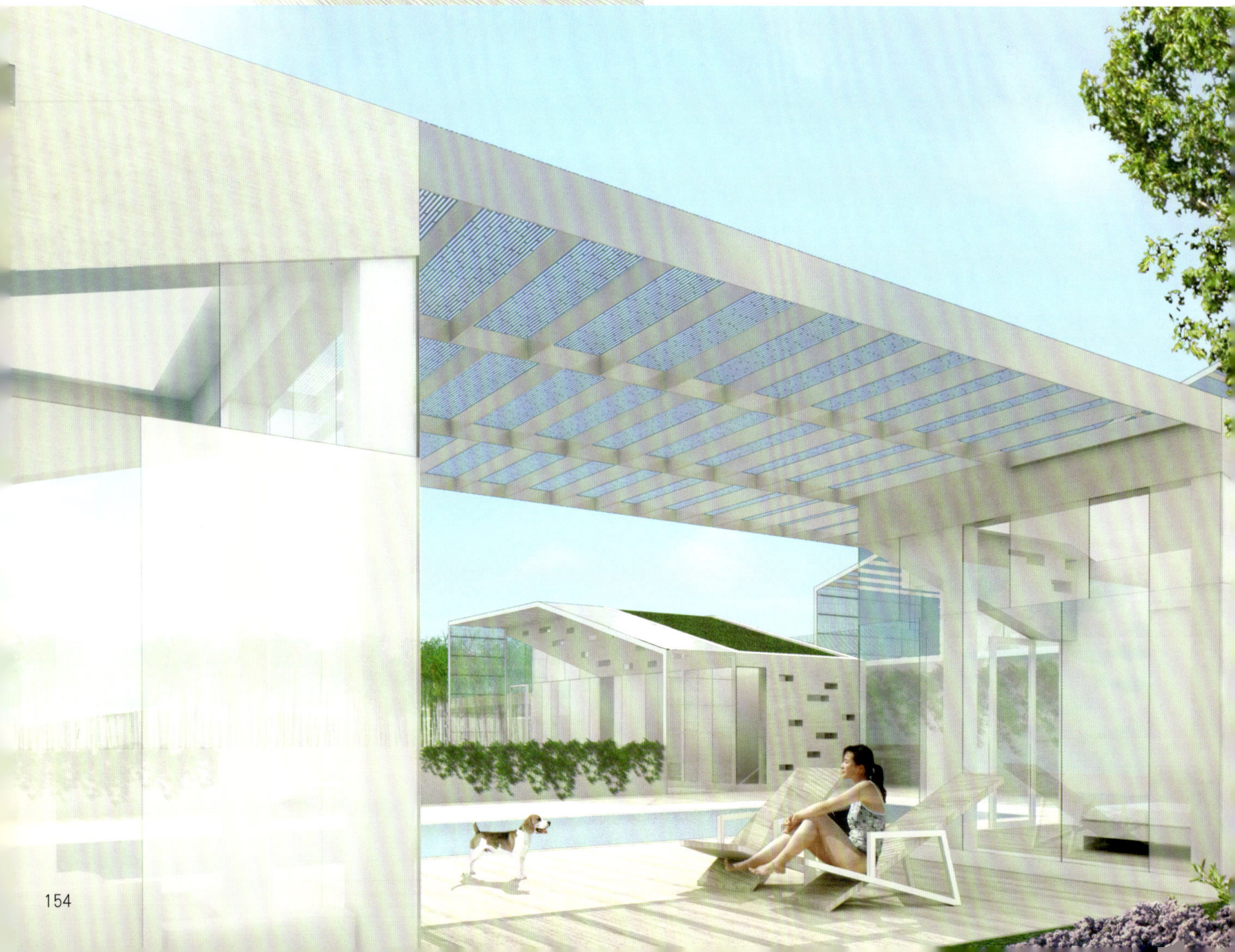

曾成德/ David Chun-Tei Tseng

敞地
Terra Vista

【house 10】

建筑作坊（CitiCrafts）是以中国的茶品作为这个度假屋建筑计划的灵感来源。简言之，蕴含自然界菁华的中国茶品，其实可算是一种文化产物。大自然是一个重复更迭的物质世界，从人类制茶及供应茶种的方式来观察便能理解；中国台湾的金针花料理及日本的柿果也是同样的道理。简单地说，我们这次是要跳脱以往以建筑来呈现自然的方式，改以“建筑是自然的一种文化表征”为概念基础，作为这幢住宅的设计方向。

这次的设计以“敞地”为名，点出了我们的设计主轴。Terra 的意义包含地形、地球或地表，也意味着提供生物进行日常活动的水平面。我们由一组可以显现住宅各种生活功能的图表，衍生出这次计划中的“下沉地面”；从剖面图来看，创造出带有反向轮廓线以及开阔平面的日常生活风景。这样的作法不仅去除了墙面，也开阔了视野。这是一种以扩展与周边环境的视觉联系为策略的空间解决方案，透过无隔阂的空间设计，让室内外景观在视觉上不受限地延伸与衔接。

就度假屋而言，自然美景通常已然存在，但建筑物本身在日常生活所需的空间功能却往往未受深思、设计的美感也易遭忽略。“敞地”的设计方案，即为解决这样的问题尽最大的努力。

建筑设计 CitiCrafts 建筑作坊 | 曾成德、卢泽彦、王喆、陈博盛、吴毓珊、范馨予
结构设计 天翔结构土木技师事务所

基地面积 2724 m^2
建筑面积 231 m^2
总建筑面积 656 m^2

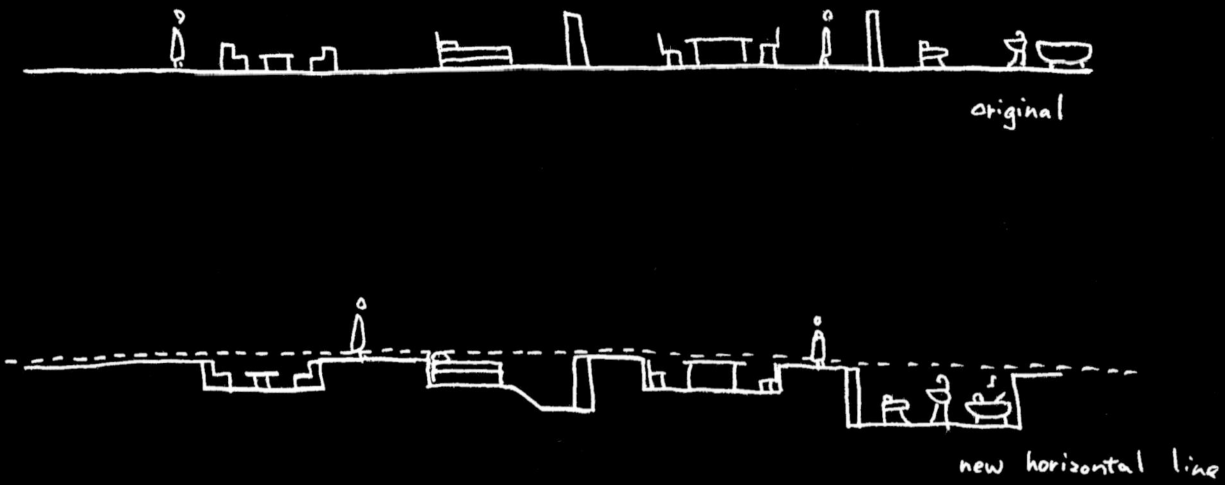

概念　Concept

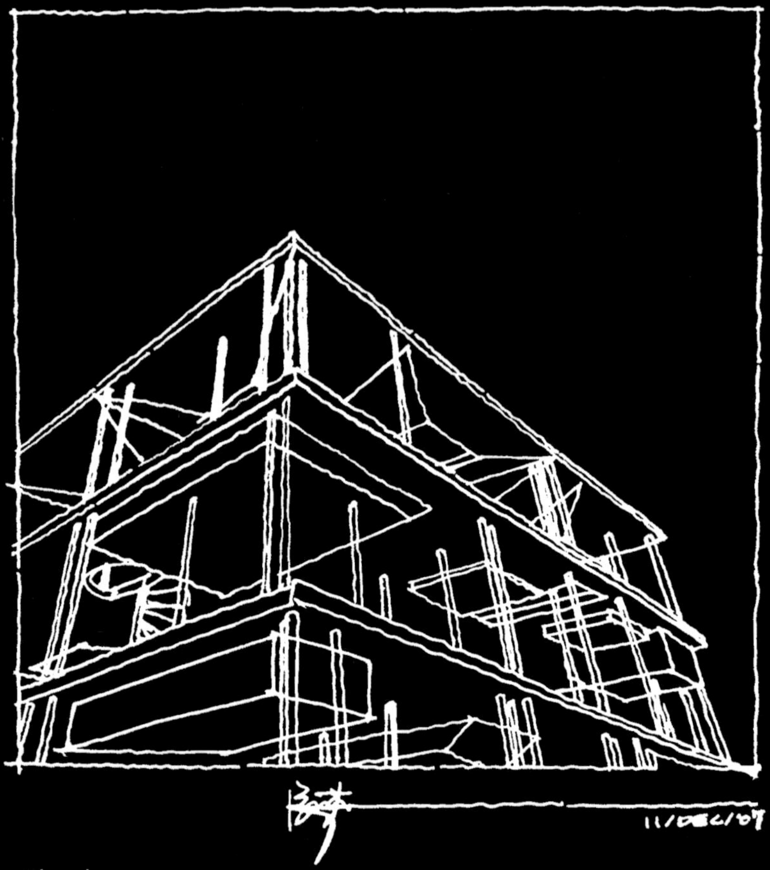

速写　Sketch

曾成德 David Chun-Tei Tseng | **敞地** Terra Vista |

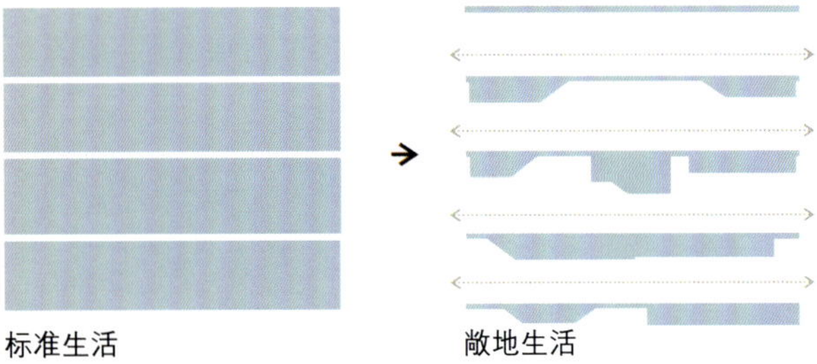

图解　Diagram

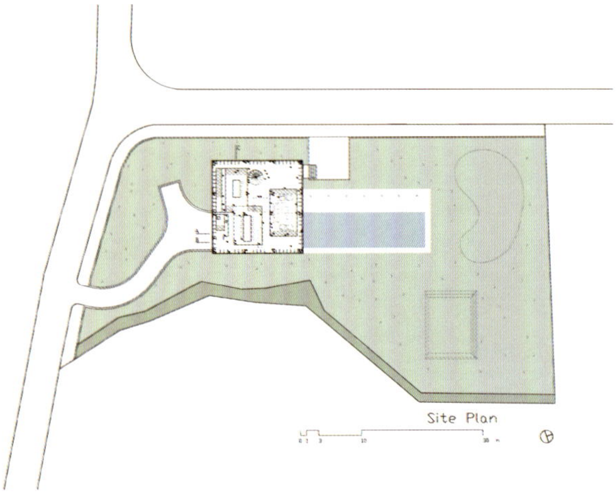

总平面图　Site plan

曾成德 David Chun-Tei Tseng | **敞地** Terra Vista |

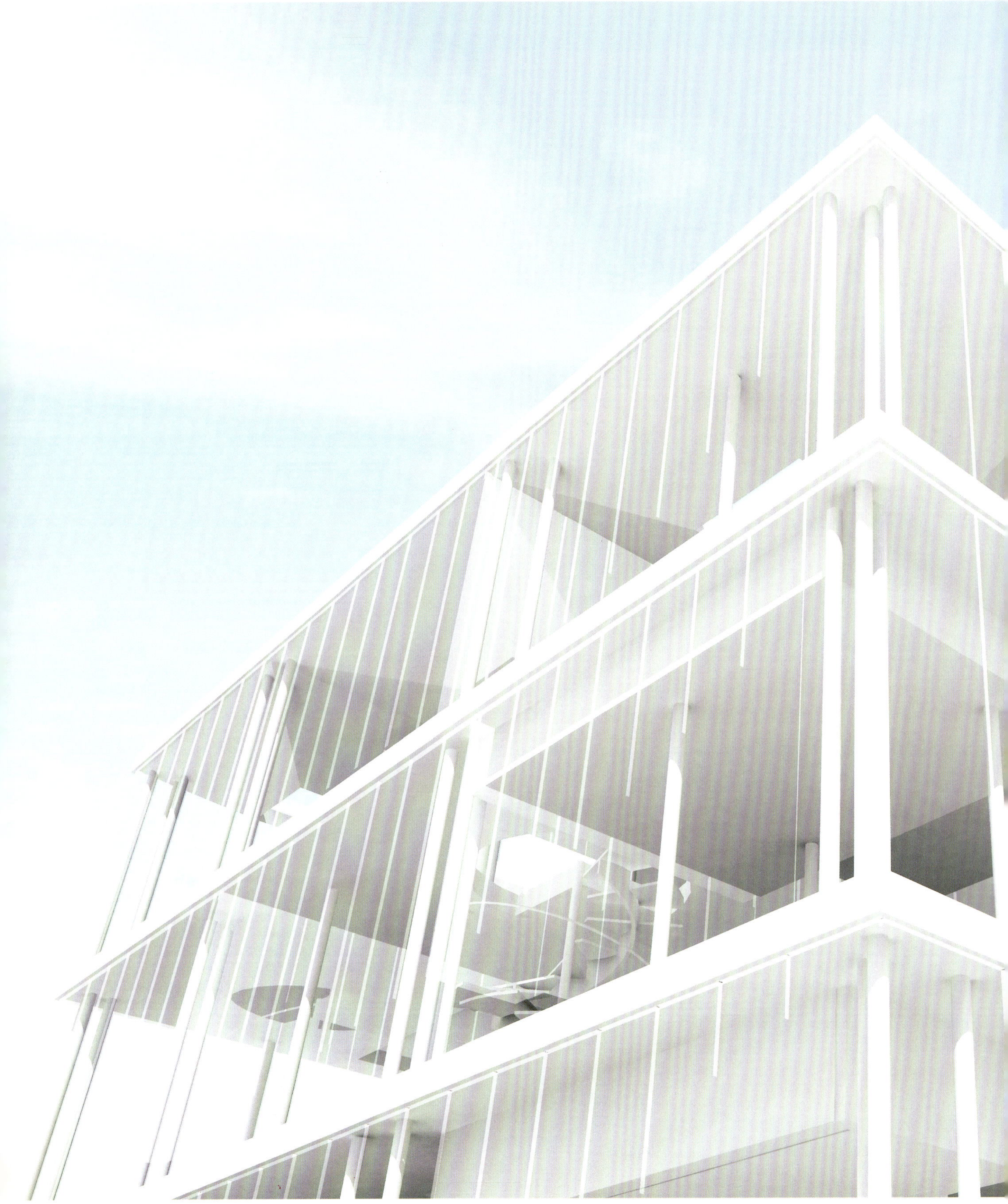

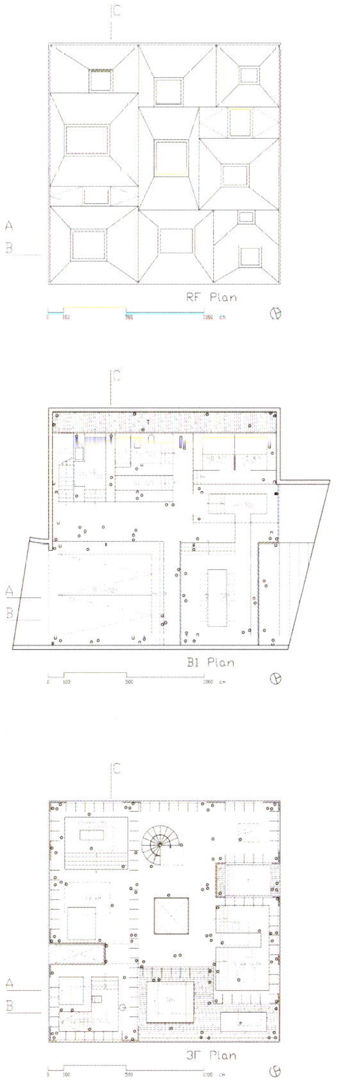

平面图 Plan

曾成德 David Chun-Tei Tseng | **敞地** Terra Vista |

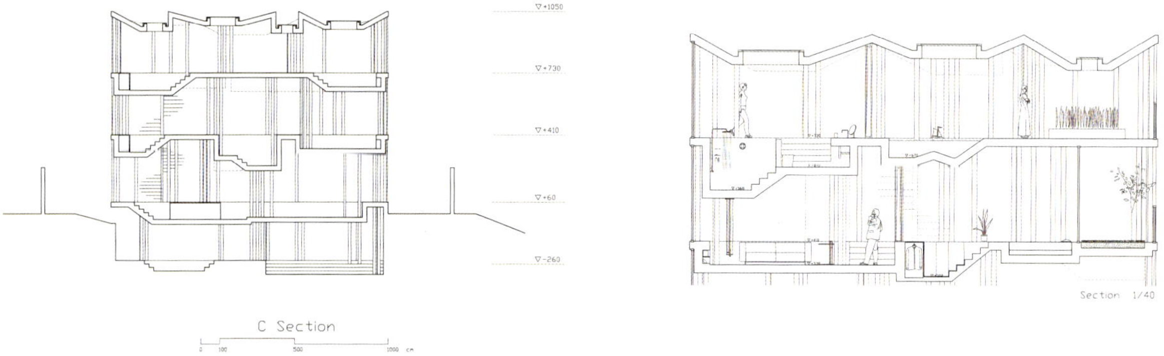

剖面图 Section

室内 Interior

对话 6／10

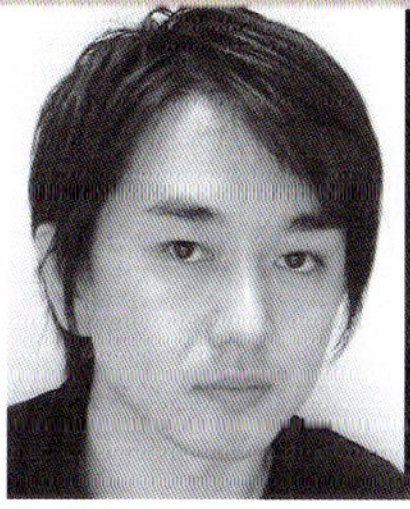

平田晃久 Akihisa Hirata

黄宏辉 Irving Hung-Hui Huang

平田晃久 Akihisa Hirata・黄宏辉 Irving Hung-Hui Huang

对话 6/10

平田晃久 Akihisa Hirata・黄宏辉 Irving Hung-Hui Huang

刘育东（以下简称刘）——首先要请教两位建筑师，就您的观察，当前关键的建筑议题是什么？

平田晃久（以下简称平田）——现在的建筑有一种慢慢迈向无生命的倾向，但是人类是生物的一种，当生物在自然环境中想要去建构一栋没有生命的建筑物时，还是会与自然环境产生紧密的关系。

截至20世纪为止，一般人对于建筑的观念，是觉得先要有环境、建筑物、空间之后，再把人放到里面去。因为有了这样的概念，使得现今我们在全球各大都市，可以看到很多高楼大厦，或是玻璃、水泥所构成的建筑物，形成了很冰冷的景象。

因此，简单地说，到目前为止，我们所谓的现代建筑物还是先以空间与建筑为主体而发展，但是对我而言，如何回到人本主义，由生物、人性的考量为出发点来规划建筑，是目前最需要去克服与解决的议题。

其他十九位建筑师的作品，有的很奇特、有的很理性、有的很科学，还有的很戏谑俏皮，……我会保留一些心情，来感受其他建筑师的设计所营造的美好未来，想像建筑可能为下一代带来改变的契机。

——黄宏辉

这不只是身为建筑师的我必须去省思的问题，也是每个人都应该将之放大、关心的议题。这样的想法，便是我在昨天（2008/1/17）的作品发表中，所提到关于人的思维深处比较需要去改变的地方。

举个例子来谈，全球没有人不关心环保议题，但这并不代表我们只需要去关注节能或者是其他小细节，因为这并不是我们想要追求的部分；整个思考模式的具体改变，才是重点。

我自己能够为这个议题尽多少力，目前还不确定，但是以上所提的，都是我目前最在意的问题，希望可以慢慢朝这个目标来努力。

黄宏辉（以下简称黄）——我的想法其实也与平田兄相同，包括如何从建筑回归到人应该怎么样生活的这些事情。

其实我会去思考，究竟下一代的人，会希望怎样生活在空间里头？建筑师们创造空间，到底能不能够符合人们的使用需求？人的关系在改变，那么空间是否也在改变？因此，这让我想到两件我一直在关注的事情，那就是人性空间与人间关系。

人性在改变，人性空间也会转变；人际关系在改变，因此人间关系也产生了不同的变化。在给下一代的未来建筑空间形成过程中，我认为应该要从人性到底会成为极大化或是极小化的自我来探索；人与人之间的互动朝向极大化或者极小化发展，可能使空间产生新的定义。这就是当我在观察现今的建筑发展时所思考的点。

此外，在参与这次计划的过程中，我并不是单从建筑的角度来思考，我也揣度着下一代的人会变成什么样的形貌？他们又会想要过什么样的生活？在我的想像中，绝对不会是我们现在的样子。

也就是说，十年之后，人们可能会改变。因此，我现在就要试着找出十年之后的我与空间的关系，这里面会有我强调的人性空间，也让更合乎我与他人未来互动模式的人间关系，于焉形成。

刘——刚刚平田先生提到了目前所看到的建筑界重要议题，也会是建筑未来应该去解决的方向，那么我想再请教平田先生，关于下一代的建筑，您认为应该会往哪里走？

平田——基本上，对于这个问题的答案，会有点回到我刚刚所提到的。因为我认为，到 20 世纪末为止，大家对于建筑还是会倾向于比较刚硬的基本想法，而这些深层的东西必须慢慢去改变。

那些在经济起飞时所兴建的拥挤的高楼大厦，其中所隐含的建筑概念，要转变为可持续发展建筑的这种内发式思维，是很重要的。我个人认为，未来很有可能发展的空间规划，并不是那种一眼就可以望穿，没有任何隔间的空间；而是一种我们虽看不穿，却不断连续发展的空间。

更具体地说，如果我不在空间里走动的话，就会无法体现这样一种空间规划的迥异美感。这种空间规划与创造，是我自己未来很有兴趣想要朝之迈进的。

如果要说下一代的建筑该往何处去的话，我想，简单地说，就是我们会追求一种“有生命的建筑”，也就是我自己所提出的 animated architecture。

刘——再请问黄宏辉建筑师，全世界还有很多建筑师在做建筑，他们也都跟您一样，努力地在想下一步该怎么走。那么，在您的想像中，下一代的建筑会怎么发展呢？

黄——我认为建筑创意有两种层次，一种是必然的，一种是附加的。有一些很深层的东西，我想应该要用很抽象的眼光来看待，难以名之。

我所谓“必然”的意思是，现在有许多新的设计创意都来自于构造；新的构造工法成形后，便塑造了新建筑的样式。这种新样式，完全根源于工法的突破与发明。比如说，当弯曲的钢柱可以生产之时，“鸟巢”也就出现了，它的钢、柱、梁，基本上都是一体的；这是工程上的大突破，也是我认为“必然”所产生的创意。

平田晃久 Akihisa Hirata・黄宏辉 Irving Hung-Hui Huang

所谓“附加”的创意，就是取法一些形态学或是隐喻，再以建筑表现出来，产生建筑的附加价值。其实人活在空间当中，都应该要多点美感、多点文化、多点想法；这种“附加价值”的想法，与人要先填饱肚子然后再有其他的思想，是很类似的问题。

如果要更深层一点来看，我最为忧心的问题就是，我时常在很多空间里感到不开心，于是我会担心，这到底是怎么一回事？原来，有些空间是会令人不愉悦的。

所以，对于您所提出的这个问题，我认为不外乎这三个层次，除了前面两者之外，第三个层次非常困难，但是我非常有兴趣。

为什么有些地方，你一走进去，就觉得它的比例很有诗意？你就会感到心情放松？为什么有些地方，我甚至可以在里头享受平静、觅回自我？这些问题当然有点深沉抽象、难以形容；不过，我想跟平田兄所提的做个呼应，他所谓“有生命的建筑”，也许已经超越了工法的层次，也超脱了所谓的隐喻、形态，等于是利用戏剧性的空间，创造出人性。

我所说的人性空间，也许不是戏剧性的，但它是一个和缓的比喻，有极为东方、非常含蓄的味道，这也是我正在努力的目标。

以上所提的这三个层次，就是我在关心建筑的未来发展当中以及每次面对不同的议题时，所采取的思考方向。简单的说，就是我相信未来的建筑，应该要走向“新人性”的建筑。

刘——接下来，我们来谈谈这次的计划。我要请两位回忆一下这几个月来曾经走过的历程；当两位接到邀请、决定要加入这次的集体创作时，心里的想法是什么？

黄——我当时在想的不是建筑，而是回忆我自己人生的高低起伏，想着人生到底是怎么一回事。因此，我接下这件项目的抽象的缘由也就浮现出来了。我曾经在几次旅行当中突然发现，我的生命、工作等等就是为了搭飞机出去，因为我在台湾没有办法感受到太多享受。

搭飞机出去，对我来说就是一种逃离。那并不是距离远近的问题，也不是有没有被困在建筑里的问

题，更不是那种想去峇里岛休闲的逃离。我寻求的是一种氛围，可以让我静心思考、一个人沉浸在其中；也可以让我看清自己、与自我对话的一个空间。

我在这样的思考过程中发现，只有先觅回自我，才能进一步选择要不要跟别人发生对话。因此，我认为空间，应该要能满足极大化的我，当极大化的自我出现，我可以选择不去与他人往来，把与人往来这个部分极小化。

当我决定要加入澳底这个项目时，我想到的就是这件事情；建筑形式对我而言，反而一直没有时间多想。所以，一言以蔽之，还是要回归到空间是否人性这个问题。

刘——那么，平田兄呢？当您接到这个国际建筑师的合作项目邀请，在答应前与答应后，您想到的是哪些事情？

平田——一开始接到这个邀请时，看到阵容这么强大，而且项目这么有创意，内心感到十分高兴。虽然有些忐忑，但我还是马上就决定一定要加入。

这个项目让我联想到我很尊敬的几位建筑大师，包括柯布西耶等人，他们早期都曾加入过不同的集体创作；这让我觉得"Next-Gene"作为一个新世纪的建筑计划，应该有很多可以向上个世纪的大师借鉴的地方，因此我觉得很兴奋。如果这个计划能照着各位的概念与热情来进行，我很期待将会产生何等令人兴奋的成果。

另外，我想回溯到刚刚黄宏辉建筑师的发言，因为我们刚才一直提到人性与生命之于建筑的议题。

我认为，人类虽然生而为人，但同样也是动物；过去20世纪的建筑，似乎都没有考虑到人的"动物性"这个部分，当我们触及这个议题，应该要思考的是，动物的本能就是希望能在很舒适的环境里生活。如果我们在创造建筑的时候，也回归到这个动物性的本能，想想如何为使用者创造出最舒适的空间，这会是我很想追求的境界。

这个项目非常特别，大家几乎都是从零开始，……这就好像是在土地上，经过我们一番播种之后，所有的植物都窜出地面来开花结果一样，每个生命体之间的关系，就可以在其间展现出来。

——平田晃久

让我再回到这个项目来。因为这次的计划是在中国台湾，所以我想要采用比较回归东方的思维；过去的建筑多半是以西洋的模式来思考，而这一次我们很希望能够回归东方。东方人对于可流动的物质，诸如风、空气、水等等，都非常重视，我想在这次的设计中加入这些元素，或许也可以催生出符合时代思想的建筑。

在十多年前，我第一次来到中国台湾，当时就觉得中国台湾是个很有力量（powerful）、充满生命力的地方，这些其实也都是流动的能量。将属于东方的思维，以中国台湾为舞台来发展这个计划，让我非常兴奋，也很期待最后可以产生的结果。

刘——虽然此前已读过我们的计划书，但是当平田兄离开了自己的国家日本、离开了自己的城市东京，第一次亲自来到澳底视察基地时，您看到的是什么？您又如何来解读、诠释这个计划？

平田——坦白说，我印象最深刻的是，当我第一次去探访基地时，刚好台风来袭，所以根本没看

平田晃久 Akihisa Hirata・黄宏辉 Irving Hung-Hui Huang

清楚当地长得什么样子（笑），但这也让我见识到中国台湾的另一种力量，我也用自己的肌肤来感受了中国台湾的“力量”。

如果是以日本人的做事方式，遇到台风我们就会取消视察基地的计划，但是这在中国台湾好像完全不构成问题，因此我也感受到了中国台湾人的豪迈力量，体会到不同的文化（笑）。

刘——黄宏辉建筑师到过澳底很多次了，那么请您回想一下，从您决定加入这个创作计划之初，到第一次亲自前往澳底视察基地时，您对这片土地有什么不一样的观察？您又有什么样的解读？

黄——这片土地在我决定加入这个项目前后，给我很不一样的感觉。我在那片基地上的杂草比人还要高的时候，就已经去过了；当时我只觉得那是个蛮荒之地，心中完全是恐惧的。我最后一次去基地的感觉其实跟平田兄一样，因为我也是在台风天去的。

在去了澳底基地不下二十次后，我这一路来的感受，从最早的恐慌，到后来转为发现到它其实是一块平静的美地，让人心情沉静；因此即使是遇上台风，我心中的感觉依然是平静的。这块基地对我而言，已经变成打从心底就觉得它的地形地貌是宁静的。

我认为澳底最有优势的，就是没有受到复杂环境的干扰，而且保护得很好，整个地貌优雅起伏的感觉，并不是那种壮观的美，而是一种含蓄的、简单隐约的、属于东方的线条。

这种平静的感觉，在我心中埋下了种子，因此当我在思考设计时，反而不是着墨在想要创造出什么建筑形式，而是该如何呼应人们心中的感受。我思考的重点在于，如果从短距离外的地方要逃到这里来隐遁，我应该在空间当中营造什么样的意外享受？

刘——我们看过了黄宏辉建筑师的设计，概念也很精彩，是不是可以请您很具体地告诉我们，您的设计如何回应“下一代基因”这个主题以及澳底这个基地的环境？

黄——我回应这个设计主题最主要的想法，就是几年下来我心中对于这片土地的感觉，因此我提到了人性空间与人间关系。这两个要素我得一块来谈，当我思考着未来人际关系的变迁，以及少子女化、家庭结构的改变等趋势，我就在想着应该要怎样去定义澳底设计方案的空间；我认为它绝对不会是给家庭居住用的。

因此，我将澳底这里的人性空间，定义为“可以让人逃离平日琐事的天堂”。在这样的天堂里，要提供怎样的空间与设备，才能够迎合未来寻求自我的这种潮流，就是我正在思考的。我所要创造的，其实就是一个极大的 self content（自给自足）、逃离的空间，也就是一种“逃城”的状态。

我希望在澳底这个能够满足个人需求的空间里，使用者可以不必出门，在这里静心觅回自我。假如他一时兴起，想要邀请朋友来海边小屋做客，他也能给朋友最好的招待，将他最拿手的好菜端出来，就像《芭比的盛宴》这部电影。

既然邀请朋友来欢宴，晚上一定要留客人下来过夜，不能让他们回家；而这里可以提供如同总统套房般舒适的住宿。澳底的住宅，就是既要可以享受孤独，形成某种隔离的“逃城”；当想要与人分享生活的时候，也要能够满足这样的需求。

所以我想，平田兄要表达的是一种“看不穿的连续”，而我想要的，则是一种“选择性断绝的连续”：在我意识清楚的状态下，能够拥有选择空间使用方式的权利。

刚刚平田兄提到了动物性，这会反映在人的行为与心理上，最后由自己的内在来成形。这种“动物性”既是一种空间的 in-between（过渡），也是一种人的内在与外在的 in-between 状态。

刘——您做设计有自己一脉相承的发展脉络，可否谈谈这个澳底的项目与您过去的设计，最大不同在哪里？

黄——我想，最大的不同在于，不管别人懂不懂，我把自己的心情给极大化了之后，也将住宅，也就是盛装人类的容器极大化，以满足自我的需求。

假设今天有第三次世界大战，我可以躲在我的澳底小屋，二十年之后，我甚至可能还不知道大战已经结束了，因为那是属于我一个人的天地，这就是我在追求的状态。

不过，昨天看过了大家发表的初步设计之后，我赫然发现原本以为自己已经极大化了，但其实还是太保守了。所以，我还是要回到“觅回自我”这个设计宣言，因为这是与我自己以前设计的作品最大的不同之处。

所以，我不会将这幢住宅定位在给 family（家庭）使用的别墅，而是将之视为短程的“逃城”，是远离尘嚣、自我觅回之处。

刘—— 平田兄这次的设计，在各方面都很精彩，请问您的作品如何回应我们“Next-Gene 下一代基因”的这个主题，以及这座独特的建筑基地？您又是如何回应我们这次的集体创作构想？

平田——首先，当我第一次见到澳底这个基地时，上面已经有很多自然的元素，当时的感觉是不该再盖任何建筑物，反而应该要多种一些植物。后来再经思考，突然想到了，也许我可以创造出一种类似非洲 villa（别墅）的感觉，因此我处理这块土地的做法，是先从找出我觉得适合的植物、在这里种植这些植物开始。

至于如何呼应“Next-Gene 下代基因”的创作主题，我会想要着重在“基因”这个概念，试着创造出有生命的建筑。

刘——请问平田兄，这是您第一次在日本境外进行的项目吗？

平田——是的，这是我第一幢独立设计的国外作品。

刘——那么，平田兄以前已经在日本做过一些建筑，请教您这次在澳底的设计，与您先前所做的一些住宅有什么不同吗？

平田——这次设计最大的不同，是基地本身特殊的地理环境，因此我想要盖出一幢像是植物般的建筑，一幢非常有生命的建筑，这在过去我可能没有办法实现出来，因此对我来说充满了实验性。同时，我也想看看自己的概念，在跨出日本之后能否在国际建筑圈实现并且通用。

刘——再请教平田兄，这个建筑基地的每一区虽然都很大，但都还有其他的“邻居”；您的建筑如何与其他的邻居建筑师作品进行“对话”？我这里所说的对话，既是指实际的信息传递，也指以作品与别人进行无形的对话。

平田——我一看到自己的基地就有了大概的想法，概略知道可以怎样设计；其中最基本的考虑，像是景观、视野等等，我也都将之考虑进去。这将会是很有生命的建筑，所以在发展的整个过程中，会有很大的弹性与柔软度。我也并不介意在设计上进行更动，以更适切地呼应自然环境。

所谓的对话，其实在我一接到设计的邀约时就

平田晃久 Akihisa Hirata・黄宏辉 Irving Hung-Hui Huang

已经成立了。因为一般建筑师遇到的状况，往往是他的设计杂处于一连串不是同一位建筑师所设计的其他作品当中，鹤立鸡群，这是很常有的现象。但是这一次，我一开始就知道会与其他十九位建筑师一起合作，有了这样的意识，我才开始进行设计的构思，而过程当中我也会与其他建筑师晤面、交谈，当然也就受到他们的启发与影响。所以，在我的想法中，就算不需要多说，这也算是一种对话了。

在我的基地旁边，我的邻居是韩国建筑师徐惠林。我们这两处基地的地形有些雷同，所以当我在聆听她的设计简介时，就知道我们彼此都考虑到同样的元素，她也会用某些方式来解决问题，我的心里就会时有同感，或者得到启发。而在某些地方我会发现，我们彼此都想要表现一些东西，但做法却是截然不同的。

所以，虽然房子还没完工，但我已经在想像，到时候我们的两幢建筑物盖出来，由于同样的东西用不同的方式来做，那会是一个什么样的风景？这些在内心思考的部分，其实也都是一种对话。

刘——那么，再请教黄宏辉建筑师，您是如何与其他的邻居建筑师作品进行“对话”？

黄——平田兄说，加入计划的一开始就已经跟其他建筑师们进行对话，我自己则还没那么快（笑）。因为不清楚邻居建筑师的个性之前，我没有办法那么开放，这也许是都市人所遗忘的那种信任感吧！

我刚刚提到，当我想要自我逃离之时，在我所构建的“逃城”，看到的是一种空无，而当我选择踏出这种空无，透过中介空间与外界接触时，我会仿佛走进箱根雕刻公园散步；我可以走到平田兄所设计的住宅，也许去欣赏一朵花什么的。

因此，对我来说，在这样的情况下，对话的关系，其实就是一种彼此欣赏，因为来自世界各国的建筑师，都在他们的作品当中注入了极明显、极强大的想法在里头。所以，一旦来到澳底这个宝贵之地，

我们就可以欣赏到各种珍奇的建筑收藏品。

我想像的是，在一种静观空无，或者空无不语的沉默刹那下，一进行对话，我就会在形态或是建筑体量的相互关系上，很清楚地看清我与邻居的关系。因此，我便会知道要怎样与GRAFT、张永和、陈瑞宪等建筑师所设计的“邻居”作品进行区隔。

刘——我知道大家都熬夜熬到很晚，也很拼命地在进行这次的设计。在这样的集体创作对话过程中，两位感受到的是更大的压力？更多的快乐？还是更强烈的创造力？

黄——其实，人的压力来自于猜疑。但是在我们各自的设计公开曝光后，其实是很开心的，因为透过这种压力的解放，又有一种觅回自我的感觉，知道终于又看到自己了。

其他十九位建筑师的作品，有的很奇特、有的很理性、有的很科学，还有的很戏谑俏皮等等，这些都会触动我们的思考。不过，我目前还未曾把十九个人的作品进行整体思考，因为对我个人而言，这是很震撼人心的事。我会在我自己的“逃城”概念之外，保留一些心情，来感受其他建筑师的设计所营造的美好未来，想像建筑可能为下一代带来改变的契机。

平田——首先我想要谈谈，回归对建筑本质的认识。现代建筑，应该成为一种 inclusive（涵括式）的概念，而不是侵略性的；同时，建筑师应该要能够把建筑与周围景物融合为一体，把一些好的要素，一同放到这个空间来。

所以，这里我想要强调一种不同于以往的美学观念。以商业建筑来说，我认为并不是要拿掉其中所有的商品或是所有的消费者，才能够成为一幢漂亮的商业建筑。未来我们的建筑，应该是当所有的商品与消费者都进入其中，才是最美的，我们应该努力朝这个方向去建构。

住宅也是一样，也就是说，我们不光只是去欣赏建筑，因为当生活进入了住宅当中，这幢住宅才会是最美的。这是与过去的建筑美学很不一样的思维，不过，我认为这应该会是一种崭新的美学。

当然，我们也可以将这种概念延伸到建筑物与周边环境的关系。现在很多人都已经有这种体认，知道不是只看一幢建筑，就能感受到它的美，而是要去观察，这幢建筑是否能与周边的环境产生一种和谐的关系。我想，这已经是大家普遍会去思考的问题了。

如果以人际关系来比喻，就像刘育东建筑师本身也是位专业而且个性十分鲜明、强烈的人，但是他一样能与周围的其他建筑师合作或推动很多项目。如果我们用树木来作比喻，树木本身也是很强而有力的生命体，但是当树木融入周围的环境，它就是一幅美丽风景的一部分。

这个项目非常特别，大家几乎是从零开始，因此我们会更清楚地看出建筑物彼此的关系。这就好像是在土地上，经过我们一番播种之后，所有的植物都窜出地面来开花结果一样，每个生命体之间的关系，就可以在其间展现出来。

House & Zone 11

平田晃久 / Akihisa Hirata

建筑农场
Architecture Farm

【house 11】

我希望能够做出除了属于建筑世界之外，也同时属于大自然与有机世界的作品；例如像一棵树般的建筑物。在树荫下休息的人，虽然可以感受到环境所带来的舒适感，但树木并非为了人类才长成那样的形态，而是为了确保在进行光合作用时，能够有最大的受光面而演化出来的结果。这个道理非常明确，树木的生成原理和人类的活动可说是完全无关。建筑本身同样也拥有某种生成原理，但一旦加入了人类活动，就必须成为创造舒适感的来源。

在这次的计划中，我们使用了姑且可以称之为“皱褶”的原理，尝试用培育植物的方式来创造建筑物。就像是袅绕的烟或海中生物一样，它／它们在有限的空间里增加其表面积，好隐身在其中；这样的生成原理，应该也适用于在有限的空间里，打造出人的“安居堡垒”吧。不用按照一定的尺寸标准就能盖出好几层楼的皱褶建筑，除了建筑本身，也打造出和身体、建筑、周边环境的全新关系。

看似复杂的格局规划，其实可以简略地分为公共与私人两种空间。我试着单纯地将建筑表面加以皱褶化，内藏的空间则可以分为好几个部分：室内的大厅、客厅、家庭娱乐室属于公共空间；私人空间则包括几间卧室和 SPA。在我的构想中，不同的公共与私人空间应该各自独立、不直接相连，因而在建筑物的室内形成了错综复杂的连接体。也许，生活在这样的空间里，能够像置身在大自然一样的舒适、感觉到生气蓬勃吧。

在 zone 的设计，我们同样采用皱褶原理，并且以谱系演化树（genealogical tree）的方式创造出不同住宅的形态，同时配合基地条件，添加一些可变化的元素，希望能塑造出类似建筑的农场（architecture farm）的景象。

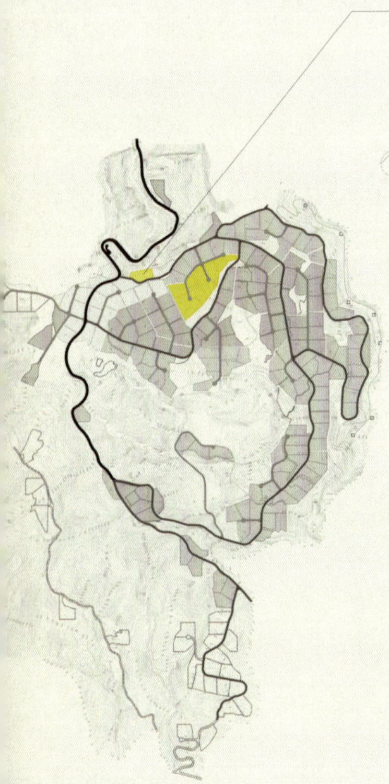

建筑设计 Akihisa Hirata architecture office
设计师 Keika Sato
结构设计 张敬礼丨杰联国际工程顾问有限公司
本土建筑合作 黄宏辉丨Irving Huang Architects & Associates

基地面积 2538 m²
建筑面积 253 m²
建筑高度 10 m
总建筑面积 496 m²

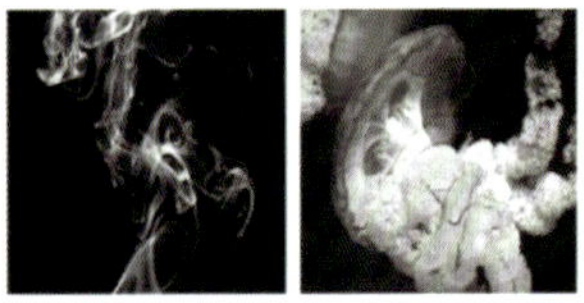

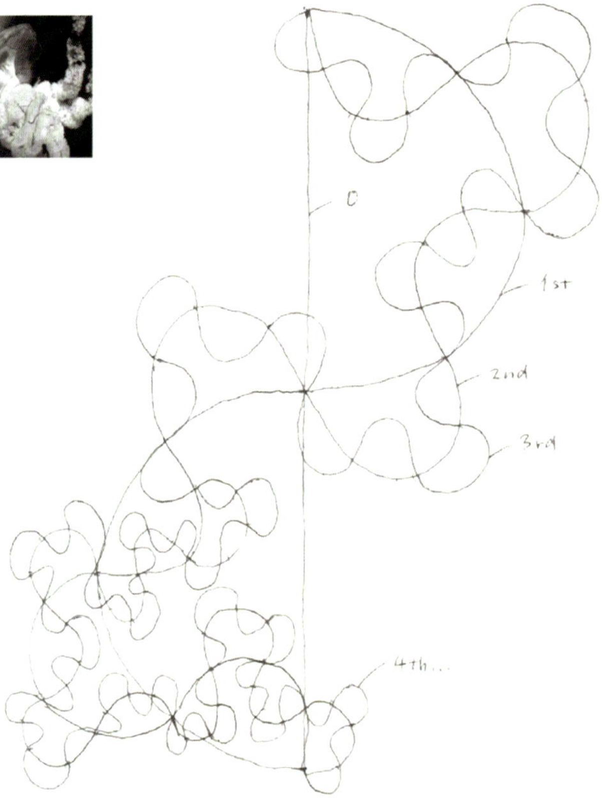

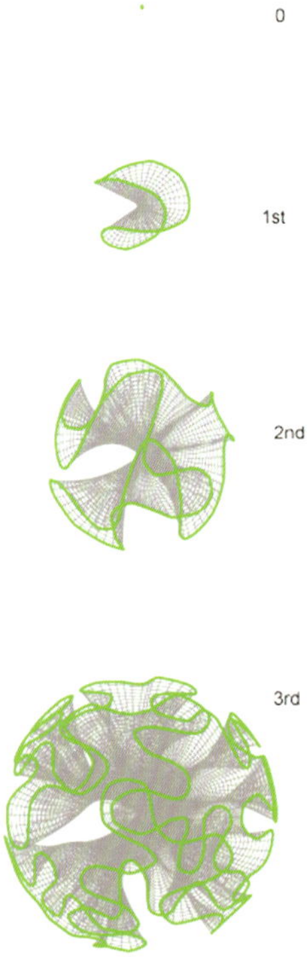

设想一根线缠绕在一个球形表面周围，你就能想像无尽的褶皱覆盖着线生成的球体
When you think about a string twining around a spherical surface, you can image the infinite pleats covering the spherical made by the string

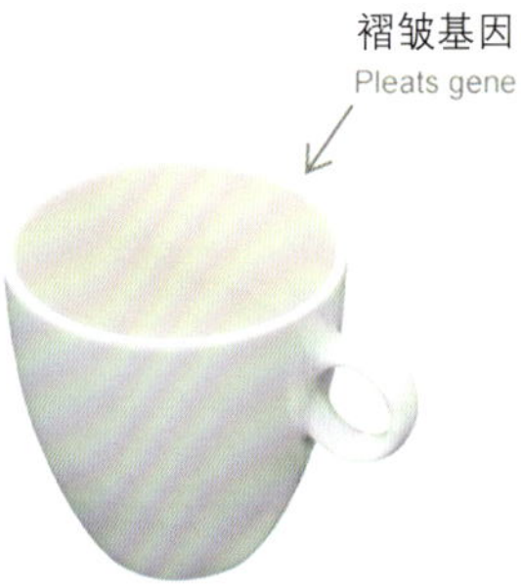

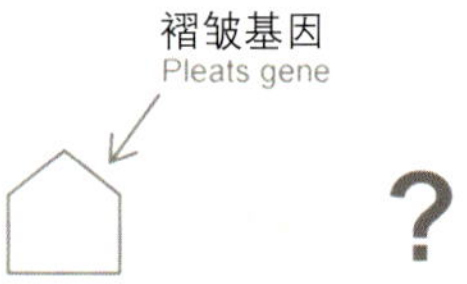

“褶皱基因”使所有物品都变得褶皱。如果一座住宅都是褶皱的会怎样？
'Pleats gene' makes everything pleats. How about a house made of pleats?

图解　Diagram

建筑
building
房间
room
壁龛
niche
家具
furniture

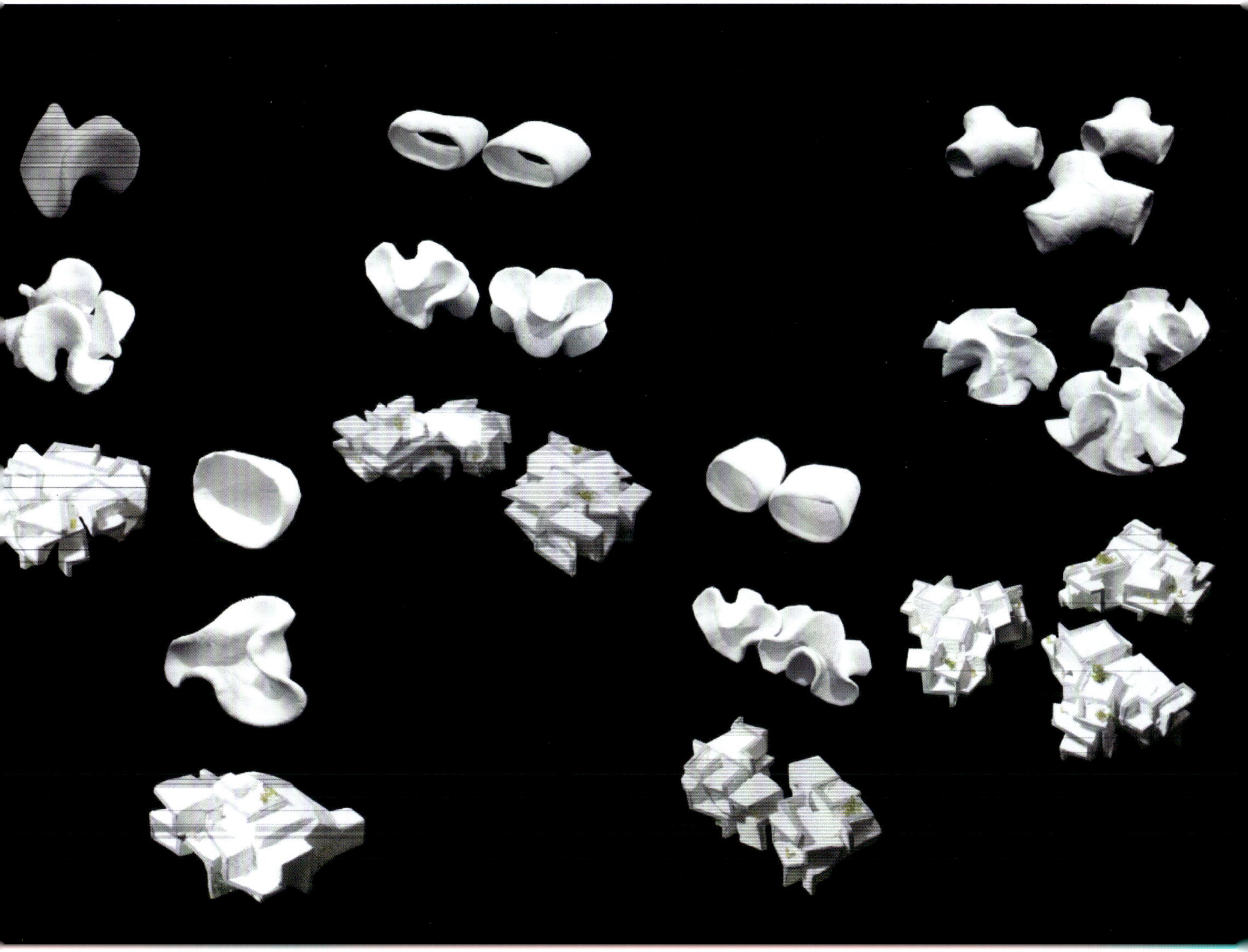

关于中国台湾和计划的感想

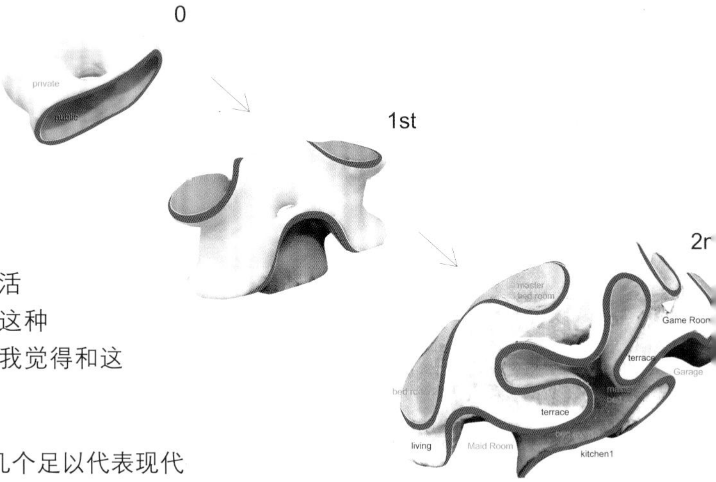

第一次走访基地时，刚好遇上了那里强台风最为肆虐的时候，这也是我头一次在那么激烈的风雨中视察基地。因此，与其说是“看到”，不如说“感觉到”更为恰当。

在感受强台风发威的同时，我拼命地想像着这块土地风和日丽时的美丽模样。仔细一想，却不经意回想起我在十几年前第一次来到中国台湾时，还有以后也不断感受到的某种新鲜能量。是欣欣向荣的亚热带植物？还是人们的活力？亦或是潮湿的空气？虽然我说不上来究竟是什么让我有这种感觉，但我的设计主题——和生命与自然连结的建筑，却使我觉得和这片土地的气氛十分契合。

当初在接受 Next-Gene 建筑计划的邀请时，我想到的是几个足以代表现代建筑的 20 世纪初期的建筑物，这让我觉得有几分兴奋。这个建筑计划想要超越自然与人造物的藩篱，企图打造出建筑物全新的可能，这份气度与野心让我产生了共鸣。

主持这个计划的团队不仅把它当成一个梦想，也具备了将计划付诸实践的能力。业主付出了超乎寻常的努力，要让这个计划在人们的脑海里留下不灭印象的企图，也让我佩服至今。同时，前来参加计划发表会的媒体，无论从数量还是质量来看，都可以窥见整个中国台湾地区对这个计划的高度关注。

可惜的是，日本目前对于建筑的关注程度没有这么高。日本社会对于建筑师的期待，有时低到让人不禁愕然。相形之下，正在进行这个计划的中国台湾，可说大为不同，因为我可以透过各种反应，感受到中国台湾人对建筑的期待。和现代建筑已发展得相当洗炼的日本相比，中国台湾能够接受更直接、更接近本质、原型的元素。如果建筑物真的能拥有对社会的影响力、拥有人们不可或缺的根本性要素，我想，应该就是这种情况所反映出来的面貌吧。

模型　Model

效果图 Rendering

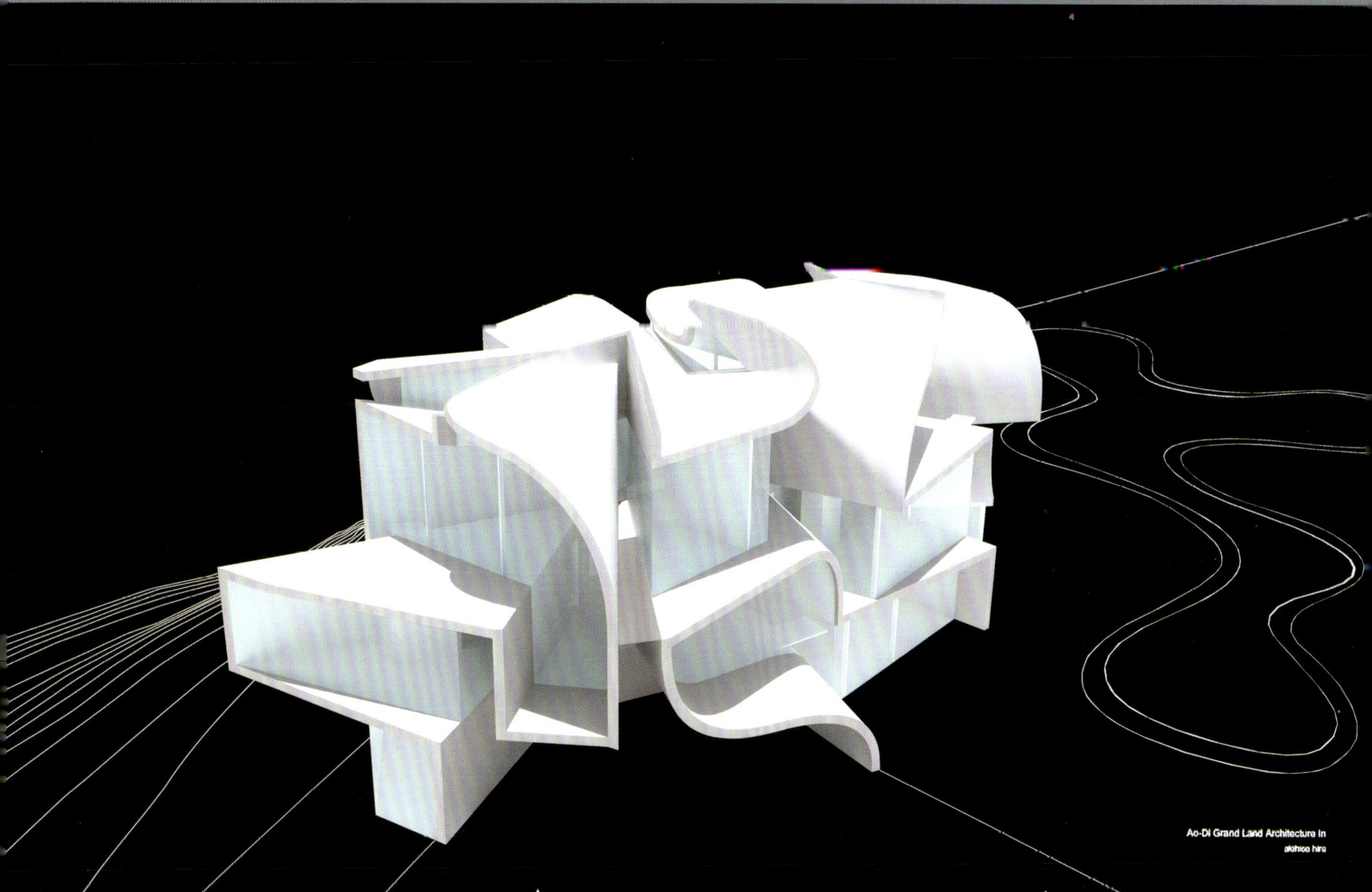

Public	Private
Foyer Living Room Dining Room Kitchen_1 (Open Kitchen)	
	Kitchen_2 (For Cooking or Catering) Master Bedroom (Suite Room) Bedroom1 Bedroom2 Powder Room Storage Room Laundry Maid's Room Maid's Toilet
Fire Place Elevator	
	Sauna & Spa (Hot Spring)
Family Room / Study Room / AV Room Game Room / Workshop / Gym	
	Garage

When you analyze the program using the pleats principle, it becomes very simple. Public and private is divided by one surface, being subdivided by the pleats.

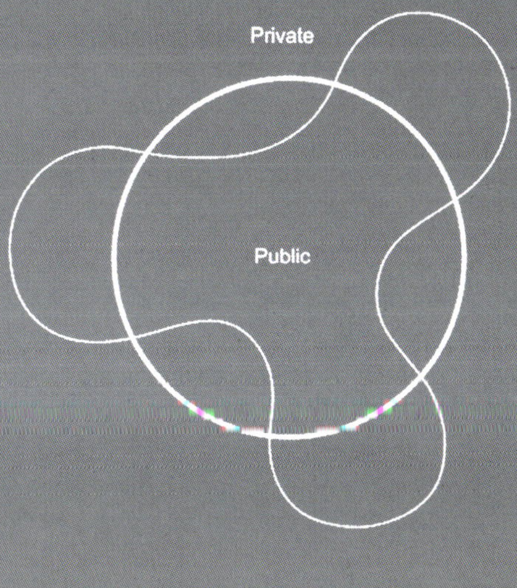

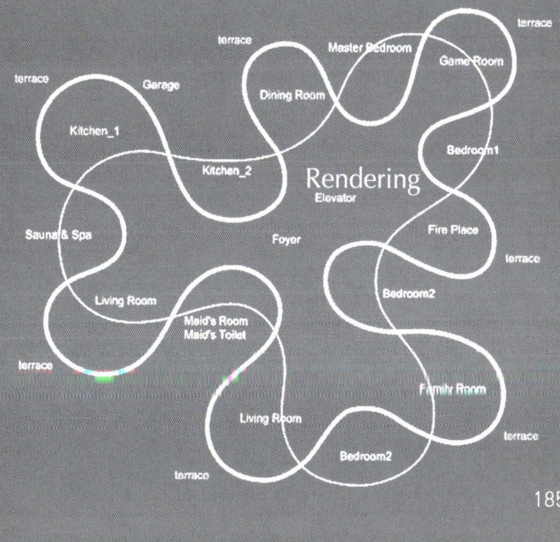

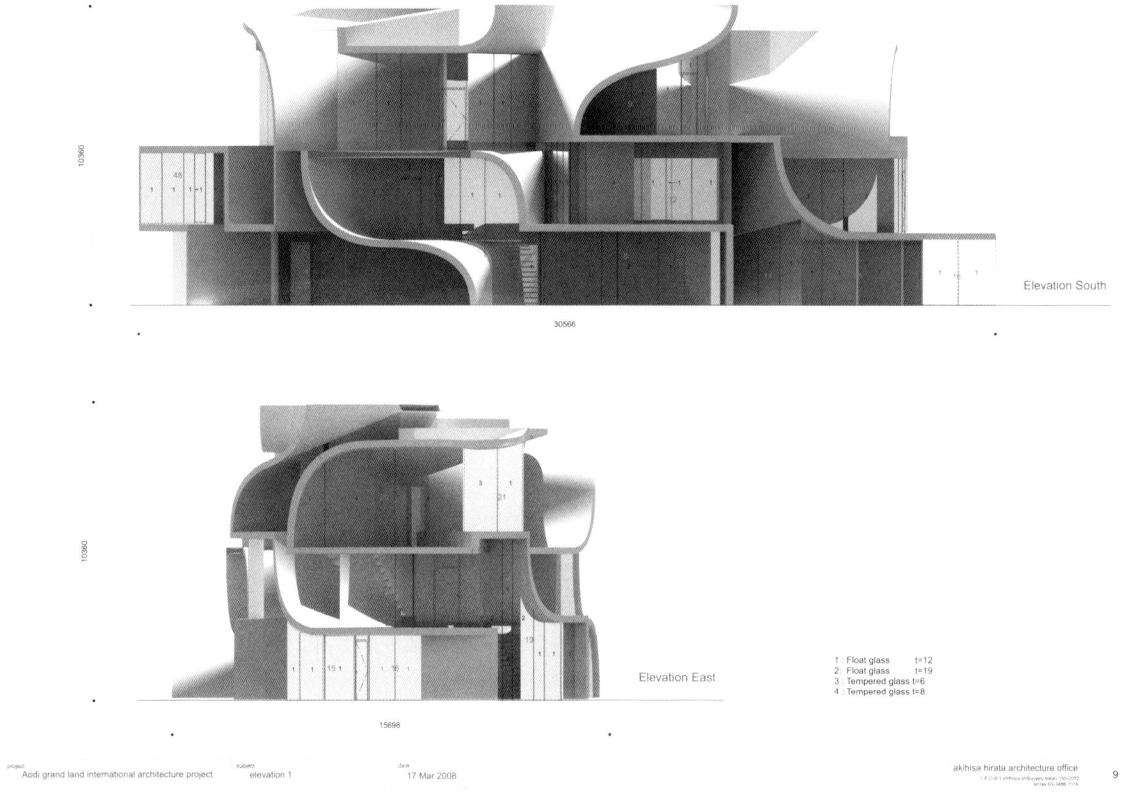

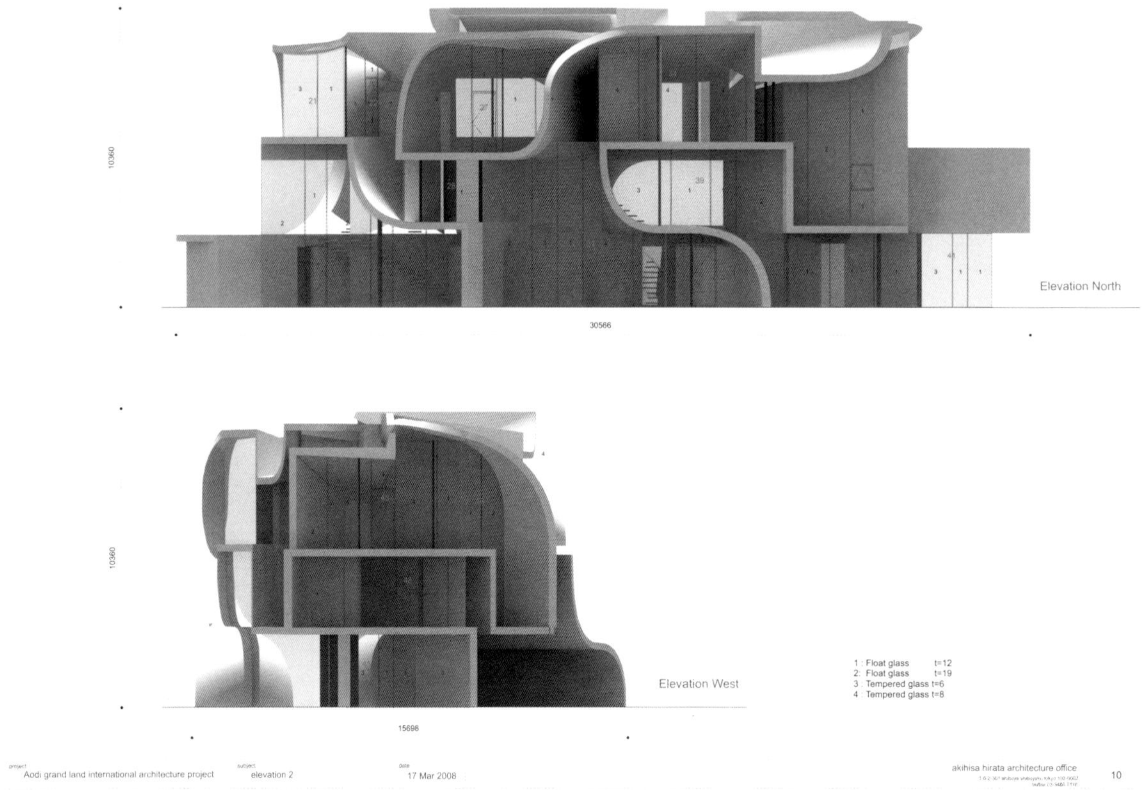

立面图 Elevation

室内 Interior

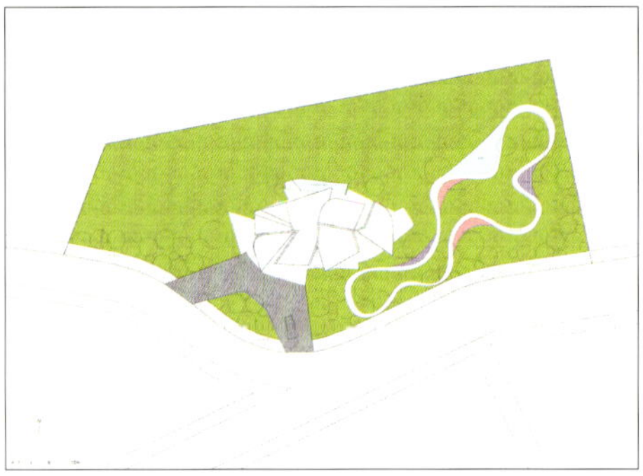

场地平面图 Site plan

效果图 Rendering

【Zone 11】

黄宏辉/ Irving Hung-Hui Huang

卧龙
Latent Dragon

【House 12】

在现代社会的少子女化与高龄化现象之下，传统大家族已被小家庭取代，新世代人类对家的需求已然有“社会机能内化”的趋势。因此，社会家族开始解构，拆解传统家屋成为各独立大房，重新组构。一个大单位家族可分成四个独立小单位家庭，容许自主而有机选择性的或聚、或遗世独立。

各体量依据大地纹理中，等高线轨迹、邻居关系轨迹、景观轴轨迹等有机组合；建筑低矮体量与景观曲折起伏创造出以“Z”形移动交织的轨迹，仿佛在大地表层盖上了一层织锦缎。建筑以“Z”空间移行爬升之态，贯穿各错落楼层，蛰伏于大地，潜升又见景观。

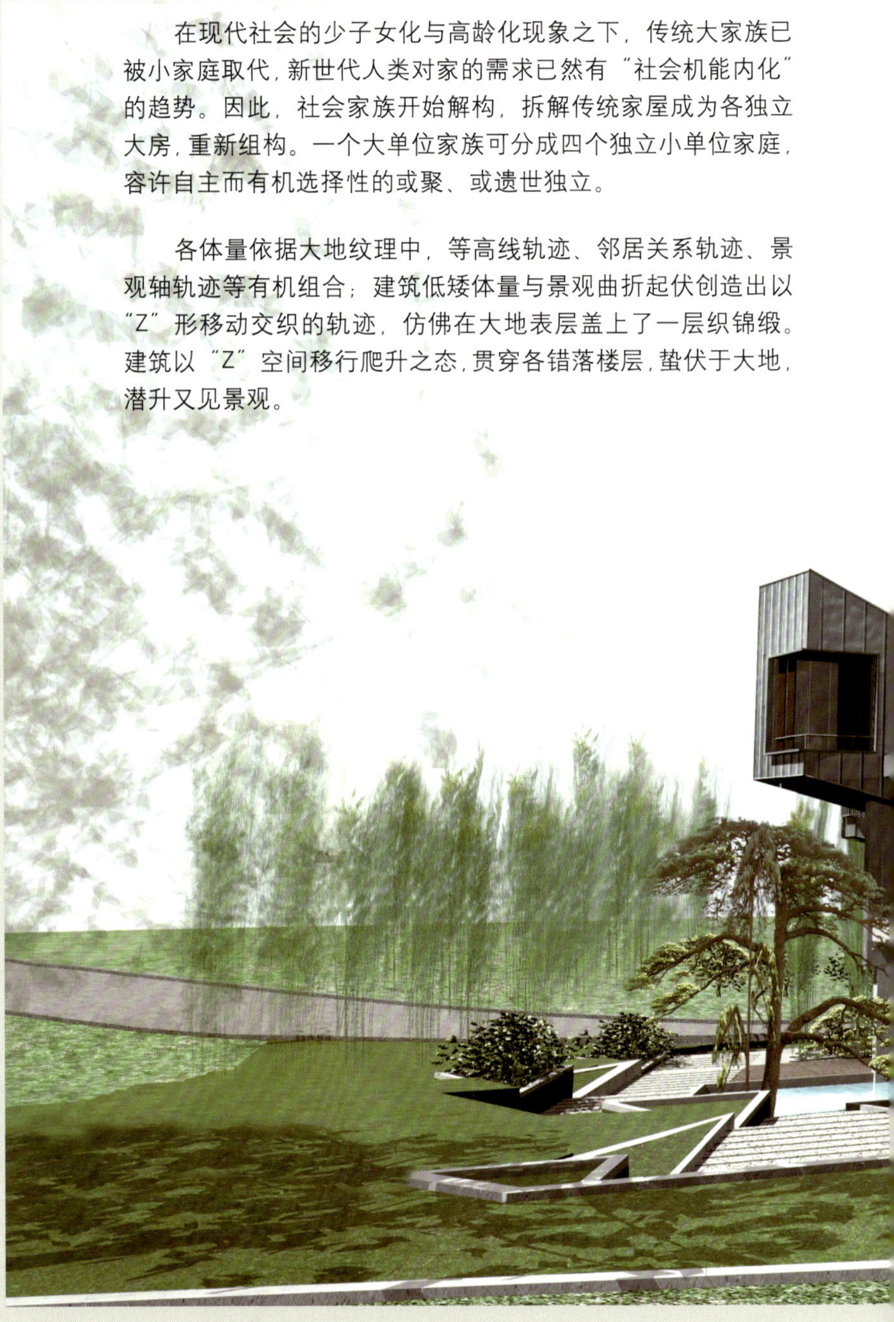

建筑设计 黄宏辉 | 黄宏辉建筑师事务所
结构技师 Kevin Y.C Chang | 筑远工程顾问有限公司
机电顾问 Jui Chieh Liao | 泰捷工程顾问有限公司

基地面积 2526 m²
建筑面积 250 m²
总建筑面积 497 m²
建筑构造 钢筋混凝土造

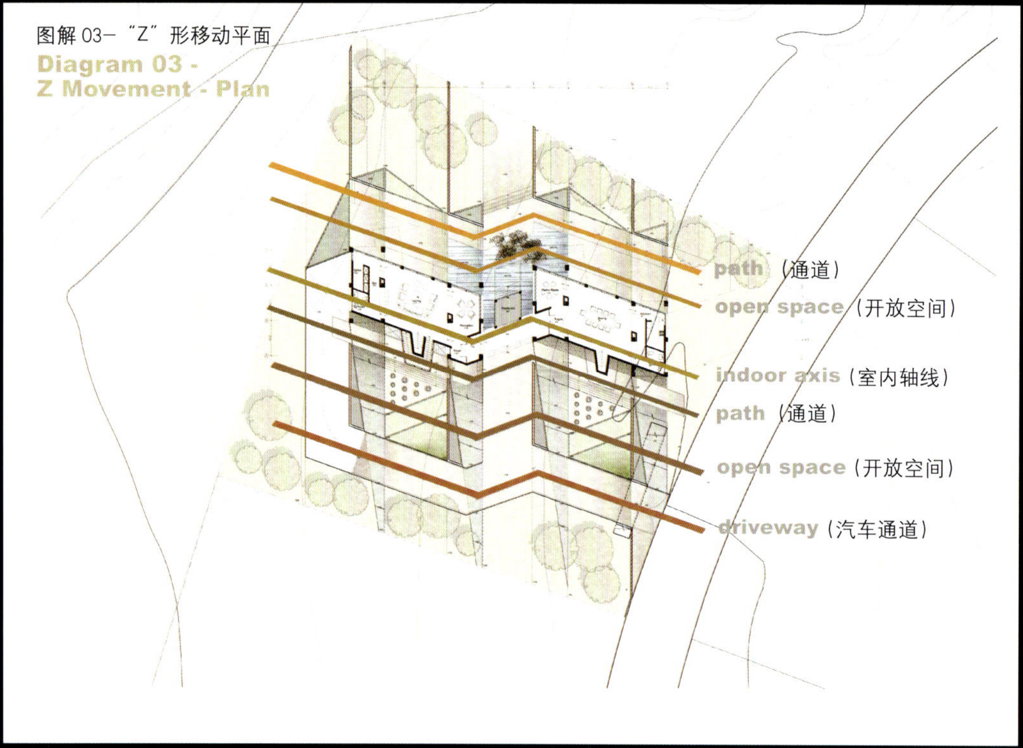

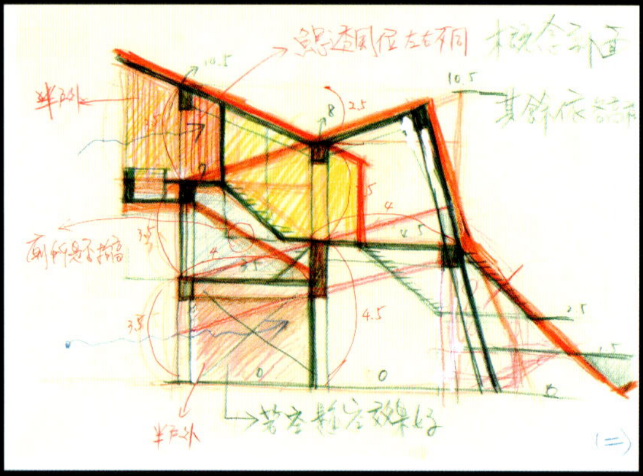

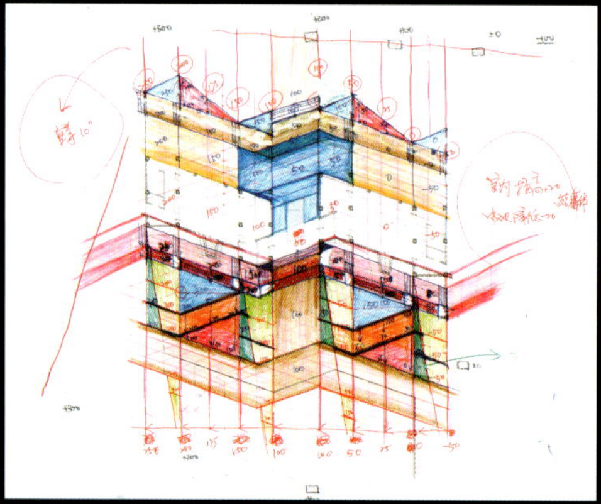

概念图解 Concept diagram

黄宏辉 Irving Hung-Hui Huang | **卧龙** Latent Dragon |

平面图 Plan

模型 Model

【Zone 12】

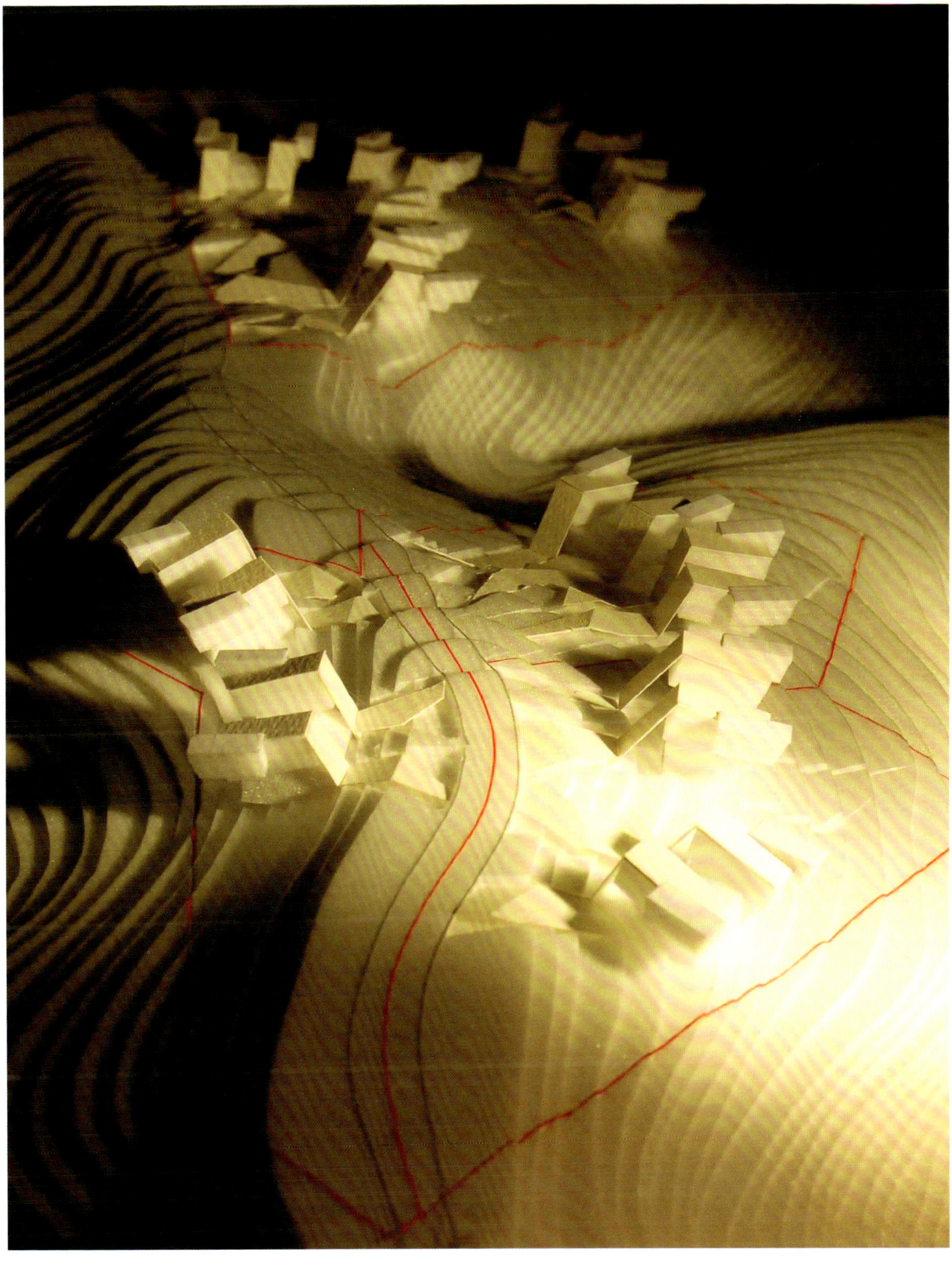

对话 7/10

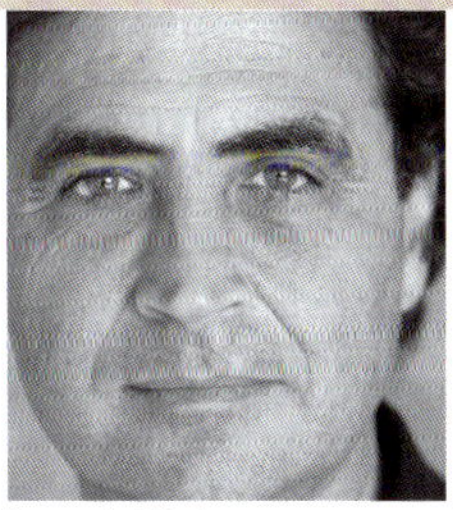
Fernando Menis

杨家凯 Kyle Chia-Kai Yang

Fernando Menis·杨家凯 Kyle Chia-Kai Yang

对话 7／10

Fernando Menis • 杨家凯 Kyle Chia-Kai Yang

刘育东（以下简称刘）——想请问两位建筑师，根据您对整个建筑圈的观察，当代最关键的建筑议题是什么？

Fernando Menis（以下简称 Menis）——我想当前的问题是，只有大约百分之十的人了解建筑的真正内涵；我这里指的不是实际统计数字上精确的百分之十，这只是一个比方，我想要表达的是稀少的程度。

建筑师就仿佛是社会的一面镜子，可以反映出社会的现象。现在也许只有百分之十或百分之十五的建筑师，可以称得上是好的建筑师，因为现在有很多建筑师心里想的不是创作出真正好的作品；大多数人可能只想到金钱报酬，或只想到要如何存活下来（sobrevivir）。

这也就是说，我们应该想到虽然我们活着，却往往没看到生活的真正本质，因此我认为建筑师必须认真地活过，有足够的生活经验才行，而且也必须了解财富不是惟一重要的东西。

从这样的项目里头，我们会从当地人的文化当中学到很多东西，这是相当重要的。……我现在对中国台湾使用金色的方式深深着迷，这次我想要学学你们如何转换金色体量的方式。

—— Fernando Menis

我不知道在亚洲是不是这样的情形，不过在我看来，全球似乎都处于相当类似的情况。我想，我们在座都是属于那百分之十到十五的这一群人，很愿意、也极想在建筑上做些改变，希望最终能达到创造一个更好社会的目标。

刘——这样说来，您认为下一代的建筑师应该往哪个方向走？

Menis——我的想法是，尽管有所谓潮流，但建筑的本质似乎都是一样的；虽然有空间、光影、新式材质、电脑辅助设计等改变，但是人们对于在空间中生活、工作、通风、采光等需求，我认为基本上还是相同的。

刘——我们了解每位建筑师在文化、社会、教育等诸多养成背景都是不同的，那么对杨家凯建筑师来说，您觉得最关键的建筑议题是什么？

杨家凯（以下简称杨）——Fernando 刚刚提到了关于“百分之十”的议题，其实是很有意思的。对于像我这样生活在中国台湾地区的建筑师来说，我们的确是那百分之十积极寻找建筑内涵的建筑师。中国台湾的建筑的确相当具有商业性，建筑设计方案大多着眼于获取开发的利益。所以，我认为当前最关键的建筑议题，是除了这百分之十的建筑师，也能有另外百分之五的比例可以找到极好的业主，一起来发展出优质的建筑作品。

有一些我们在进行设计时，持续不断地试图寻找的元素，让我想起十年前建筑所服务的三种层次——有些建筑师想改善人类的处境（human condition），有些想进行劳力（labor work）结构的改进，有些人则想要寻找自我的意义等等。

不管怎么样，建筑有时候已变成了一种“人类处境”，也成为一种介于材料与人类之间的对话；因此，材料就不再只是材料，而是演化至另一个层次。我们在试图寻找的，其实就是以此为背景的建筑。我们必须不断地问自己，建筑对我们来说到底代表什么呢？因此，对我而言，当下的建筑专业最重要的议题，就是在现实环境当中，如何去实践以上这些建筑理想。

刘——那么，就您的观察，下一代的建筑可能往哪个方向发展？

杨——这对我来说，是个很困难的提问。以澳底这个计划来说，我们想要达到的目标，就是设计出一幢属于下一代的住宅。在这过程当中我们发现有些东西会一直改变，有些则恒久不变；像是建筑工法、材料就变动不少，至于建筑的本质，则是不太改变的。

刘——对两位来说，首次允诺接受这个项目的邀请时，心里想的是什么？

杨——我想这可能是个一生难得的机会，能与一群建筑师一同合作，追寻建筑的真正意义。这是一个可能不会再有的机会，我在心里这么告诉自己，这可能是最好的机会。

刘——那么 Fernando 呢？我知道您在西班牙一直很忙，当我首次写电子邮件邀请您加入这个计划，您心里想的是什么？

Menis——您来邀请我加入，对我来说是个很棒的惊喜，也是很特别的经验。从这样的项目里头，我们会从当地人的文化当中学到很多东西，这是相当重要的。从项目里头学习新事物，并且交到新的朋友，这些对我来说非常重要。

刘——中国台湾距离您的国家西班牙相当远，也许这两个地方存在着些许相同点。无论如何，当您最初来到澳底这个基地视察时，您看到什么？心里想要如何去诠释这个基地？

Menis——我发现澳底与我以及家人所居住的加纳利群岛*，在海岸与天然岩石景观上有些相似，两者都可以看到岩岸巨石所形成的天然水池。

不过，澳底景观对我来说相当新奇的一点，是让我看到了岩石如何影响海岸、海水以及风的流动。我还记得我在视察基地途中所看到的许多住宅，还有庙宇等等，我也记得我看到的房屋外观装饰与岩石所产生的互动关系。映入眼前的澳底是一片空旷的地方，于是我想着如何在设计时去控制景观、气候、风向等因素。

刘——那么杨家凯建筑师，我们知道您原来就出生自中国台湾地区东北部，也对这个区域相当熟悉，当您首次造访澳底基地，您看到的是什么样的景象？您又想如何去诠释这个基地？

Fernando Menis · 杨家凯 Kyle Chia-Kai Yang

杨——我是在宜兰出生的，常常往来于台北与宜兰之间，因此对于澳底相当熟悉。在基地向受邀的建筑师公开之前，我就已经单独去看过这个基地好几次。当人站在这片开阔的景观当中，你会感觉到它是个非常安静祥和的好地方，但是我心中浮现的第一个想法，是如何能够在这样的自然环境当中，再放入人工的建筑？于是我不断想着，要怎样在这个地方将这种“祥和”的感觉融入景观当中？又该采取什么样的策略来进行建筑计划？

刘——在您的设计当中，您如何诠释我们这次计划的“下一代基因 Next-Gene”这个主题？

杨——我们蛮想改变一个观念，那就是住宅并不只是具有实用性的日常用品（commodity），也不只是建筑师所设计出来的产品而已。我希望住宅可以超越这个层次，入住的屋主也能够更意识到住宅与环境的存在，这样的想法成为我们进行此次设计的起点，为此我们甚至也一度质疑过科技本身存在的价值。

在全球暖化的变迁中，降雨的增加或是减少，依赖当地的状况；由于降雨情形与天气都在改变当中，当大自然成为设计中一个很重要的关键考量时，“雨”就成为我们这次作品当中的一个隐喻（metaphor）。身处 21 世纪的我们，对这些与大自然互动的议题都必须有所关注。

刘——这次在澳底的作品，与您之前的设计有什么主要的不同？

杨——过去十年来，我们不断思索着知觉（perception）、认知（cognition）以及人类处境（human condition）等议题；从十年前开始，我们一直在提出质疑，也不断在进行微小渐进的改变。在材料、环境都持续改变的状况下，我们不断从不同的角度进行学习，也建立了我们自己对于建筑的理念，并且不断回溯我们开始进行建筑设计时的初衷。

刘——那么 Fernando，您这次在澳底的设计，如何回应“下一代基因 Next-Gene”这个主题？

Menis——其实我不太喜欢“全世界每样东西都一样”的感觉，我认为每个人产生些新的点子是很重要的。对于澳底这个项目，我们首先观察它的环境，再来我们试着去了解当地的文化。

比如说，我会去观察本地喜欢采用的颜色等等，我就发现了中国台湾不喜欢黑色、偶尔也会采用白色这件事（笑）；我也看到了中国台湾在宗教建筑、佛教塑像上大量使用红色、金色等等；另外，我也观察到本地对于木造建筑的使用方式等等。这些我们从当地得来的知识，会影响到设计师的想法，也都是明显可见的。

我们不太喜欢这里的建筑发展形态——用同样的概念去复制许多相同的建筑，或是把一些建筑元素拼凑起来的做法。因此，我们试着把自己对于形态的独特想法，注入到这次的设计当中。

刘——在建筑师的系列设计里头，不同的作品间往往会有许多互相延续、延伸的元素；那么您这次在澳底的设计，跟您的其他作品有什么不同？

Menis——我现在对中国台湾使用金色的方式深深着迷（笑），虽然西班牙距离中国台湾很远，没有办法多接触金色在此地宗教里头的力量，但是这次我想要学学你们如何转换金色体量的方式（笑）。

另外值得一提的是，这一次我也特别想去探讨“水”的影响力及其能量，还有基地所在位置所产生的影响力等议题。我相信在这个计划里头，会有蛮多很棒的新点子出现。

刘——我想您刚刚提到的内容，的确牵涉到很多中国人文化里头的深层力量。这次我们有二十位设计者，从 2007 年 9 月、10 月开始，一起加入了

澳底计划。我们在经过彼此讨论、或是亲自前往访视建筑基地之后，产生了许多不同形式的对话交流。那么可否请两位提一提，您如何让自己的作品，与基地上的“邻居”建筑师进行对话？

Menis——这次计划特别有趣的是，事前我们对于基地的位置、对于合作的计划，了解并不是那么多。也许这是件好事，让我们可以有全面性的观点来做设计。这一次造访中国台湾，我们可以想想如何透过协调的机制创造多赢局面。我们认为营造技术（construction）以及营造的团队非常重要，因为有了他们，才能产生品质良好的建筑。

这次的计划让很多人一起合作，每个人都提出不同的概念，我们可以在其中学到很多不同的知识。

杨——有意思的是，Fernando 刚好是我的“邻居”，我们合作得很好（笑）。

刘——这种集体创作的形式对两位而言，是比较有压力？还是比较有趣？

Menis——事实上，在我们位于西班牙的事务所，同事们对于澳底计划都感到很兴奋，因为对我们来说，这是将重点放在“人”身上的设计方案；可以来到中国台湾进行设计、认识许多不同的人，是很令人兴奋的项目。

刘——我知道杨家凯建筑师为了发表会前的最后设计修改，忙到深夜非常晚，那么您觉得这种集体创作是比较有压力？还是比较有趣？或者是更能激发出创意？

杨——我的确为了澳底计划工作得非常认真，因为我们有群真正想要追求建筑理想的工作团队一起努力。这中间的过程充满乐趣，而压力其实是来自于我们自己，因为每次创作我们都希望能有所突破。

我们努力为人们设计出更好的住宅、让他们住在那里会有更美好的生活……这让人能突破传统的想法，也让人往前去追求期待的目标，我认为这是澳底计划最令人兴奋的部分。

——杨家凯

老实说，我们并不想去深入探讨这次的基地与周围环境的文本（context）关系，这是因为基地本身就很棒；但是当基地分成了许多部分后，相关联的环境文本相对变得极小（minimal），因此压力转回到我们自己身上，我们得在有限制的条件下进行创作。

刘——所以，这一次的创作，我们除了会有不同的交流互动，也将会是很棒的自我对话过程……

杨——的确是这样没错，压力其实是来自于我们对自我的要求，来自于我们以前的作品表现，也来自于我们以前所抱持的态度。我们努力为人们设计出更好的住宅、让他们住在那里会有更美好的生活，我实际上蛮喜欢这种自我驱策的压力（笑），这让人能突破传统的想法，也让人往前去追求期待的目标，我认为这是澳底计划最令人兴奋的部分。

★ 注 1：加纳利群岛（The Canary Islands，西文为 Islas Canarias）虽属西班牙管辖的自治区，但其地理位置位于非洲西北方摩洛哥与西撒哈拉沙漠的外海，总共由七个大岛、两个小岛以及其他面积更小的群岛组成。由于岛上壮观的火山地形与崎岖海岸线，成为欧美著名的观光景点。此群岛最早为国人所知，是由作家三毛《温柔的夜》等系列作品中的叙述而来。目前加纳利群岛首府为位于七大岛上的拉斯帕尔玛斯（Las Palmas de Gran Canaria）以及圣克鲁提内（Santa Cruz de Tenerife）等城市。

House & Zone 13

Fernando Menis

金屋
House Aurum

【House 13】

“金屋”由两个在视觉上俨然以牢固体量呈现的预制石块模组件所组成：一块铺陈在草地上，另一块则是漂浮着并且涵盖了整个家居生活。两个石块的四周有风景环绕，以波状蜿蜒的姿态，将室内空间围绕出来。

水是这件作品的主要元素之一，自黄金般的墙面流泻而下，并且穿流整间房屋。如此，水与石、流动性与几何力赋予了房屋的定义——在这间屋子里，每一项元素都是为了使居住者的生活更好、触发更多感受而设计的。所有空间都为身在其中的人创造独特的感受，每一个建筑体量也都能独立地连结到其他设施；如此，房屋不仅能够发挥整体的最大作用，同时也能保有两个预制模组件的超大自主性。

由于这件作品是怀着对基地本身与自然环境的敬意而设计，因而对这块土地的省思也包括在这些“概念”当中。我们力求创造出能考虑到方位、风、阳光与光线的可持续建筑。建筑物不该只是坐落在大自然之中，同时也应该深谙大自然、与大地合作共生，而不会对大自然造成伤害。

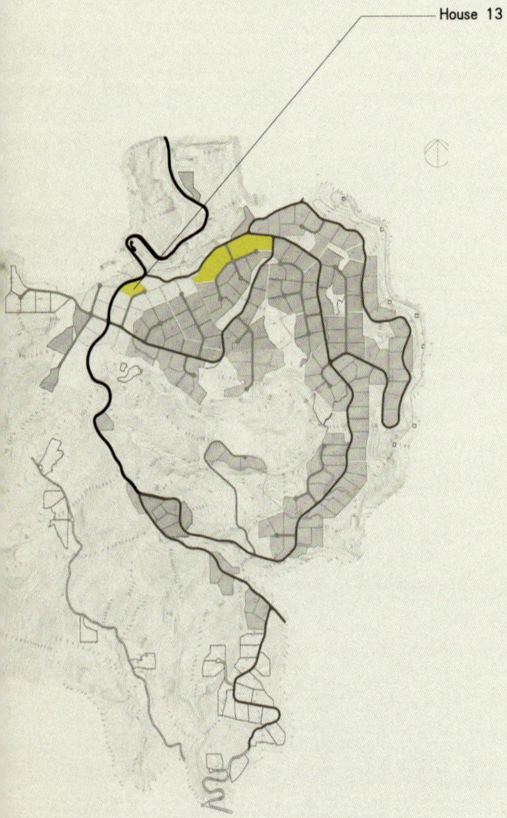

建筑设计 Fernando Menis | MENIS ARQUITECTOS
设计团队 Cristobal Aguado, Pruden Arnau, Juan Bercedo, Antonio Martinez, Karolyna Misiak, Bruno Rodriguez, Juan Enrique Saiz
本土建筑合作 杨家凯 | 中国台湾余弦建筑师事务所

基地面积 2570 m^2
建筑面积 535 m^2
总建筑面积 719 m^2
楼层数 3

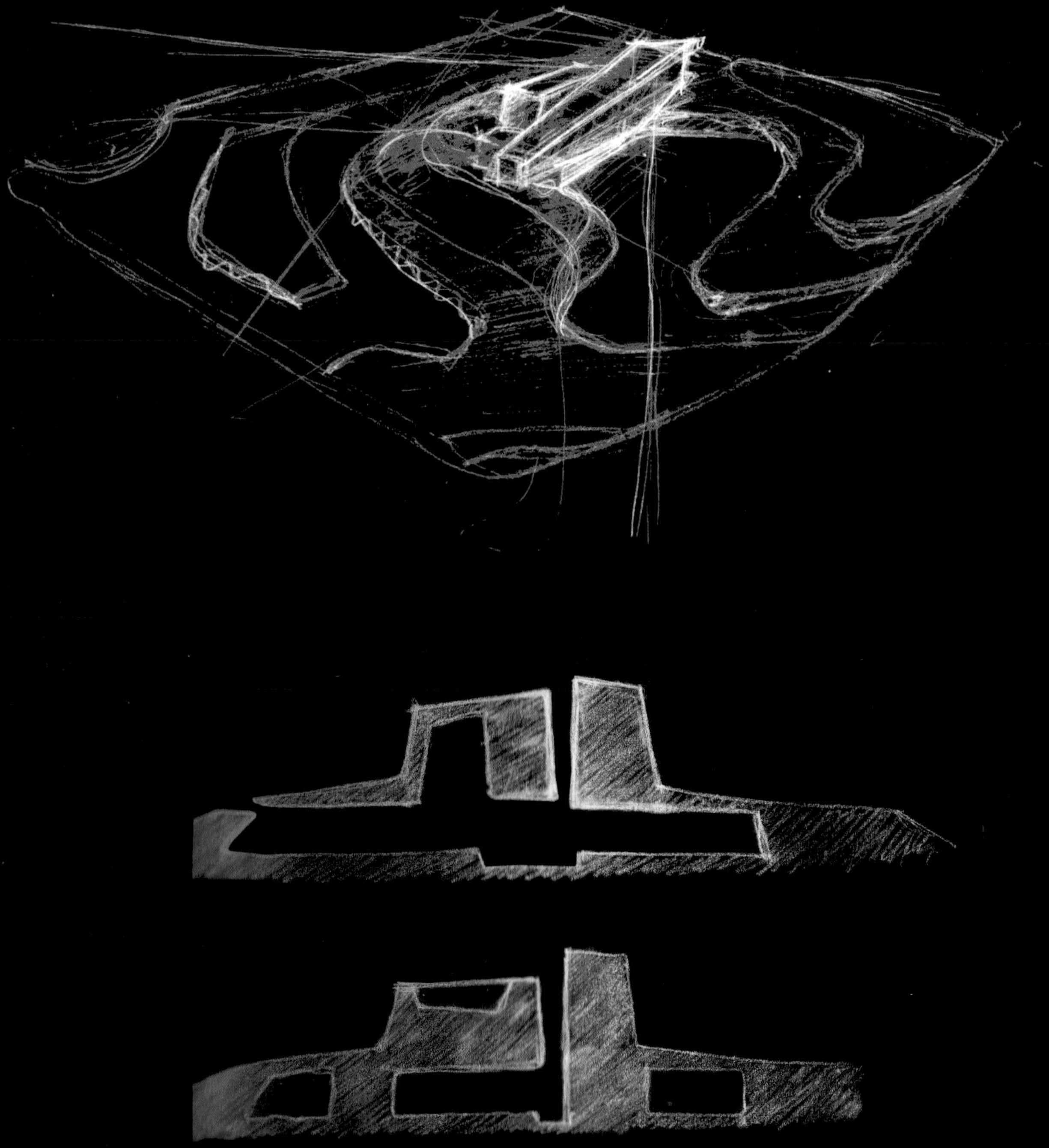

速写 sketch

速写 sketch

植被覆盖　Planta cubierta

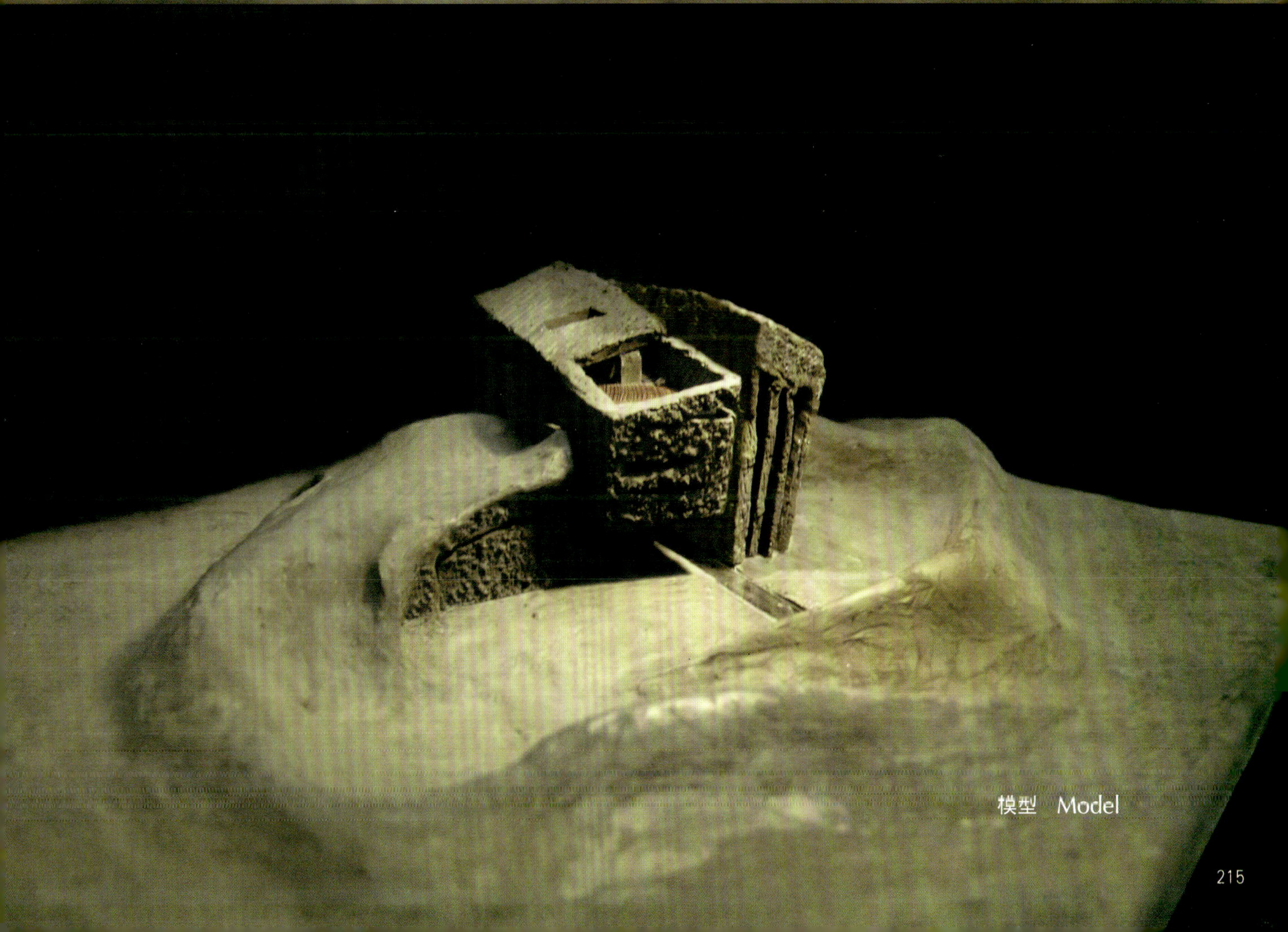

模型 Model

Fernando Menis | 金屋 House Aurum |

室内 Interior

Fernando Menis | 金屋 House Aurum |

【Zone 13】

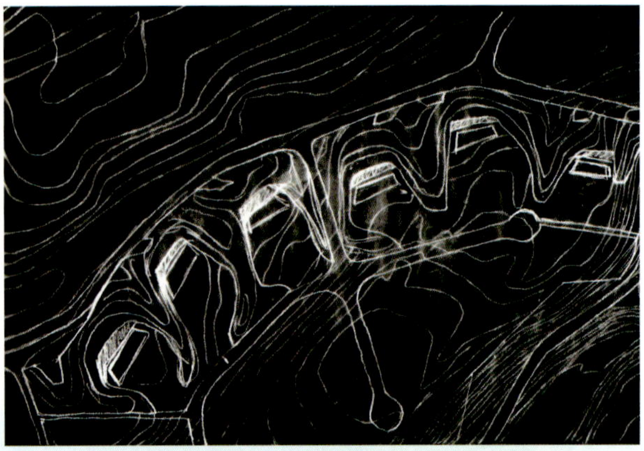

杨家凯/Kyle Chia-Kai Yang

山岚余韵
In Phrase of Stratus

【House 14】

Arctangent 相信，建筑的目的，是在意识与潜意识中，建构人与人、人与事、人与空间、人与都市，以及人与自然之间沟通的介面与场所。建筑是建构的实体与感知的虚体之间，相互交织、置换、与回响的具体表征。

现代科技让“资讯”成为唾手可得的商品，但人与人之间、家人与家人之间的关系却愈来愈疏离。What is a dream weekend house for the next generation would be？在这个精致设计的梦幻商品背后，是将基地涵构中多雨的自然现象，转化成为大自然的隐喻，构筑一座在下雨时，家人同聚并且共享有品质的家庭时间的场所。

躲雨，是一种日渐消失的情境，而用手去接雨的触感，更是愈来愈陌生。这幢住宅是由无数水平与垂直的排水天沟所构成。在雨天时，借由减缓雨水流经建筑表皮的过程，让玻璃外墙留下雨痕；而天晴时，当我们在窗外透过留有雨痕的窗户，看见自己的倒影叠合窗内的活动之时，即触动我们对自身与家人、环境间联结的感觉。

建筑设计 中国台湾余弦建筑师事务所 Arctangent Architects, Taipei + New York
主持设计师 杨家凯／AIA 纽约州注册建筑师
专案设计师 洪大为
设计团队 陈威颖、林伟展、魏钰昆、郭小甄、郭兆闵、叶佳奇
结构工程师 利道科技工程有限公司

概念图解　Concept diagram

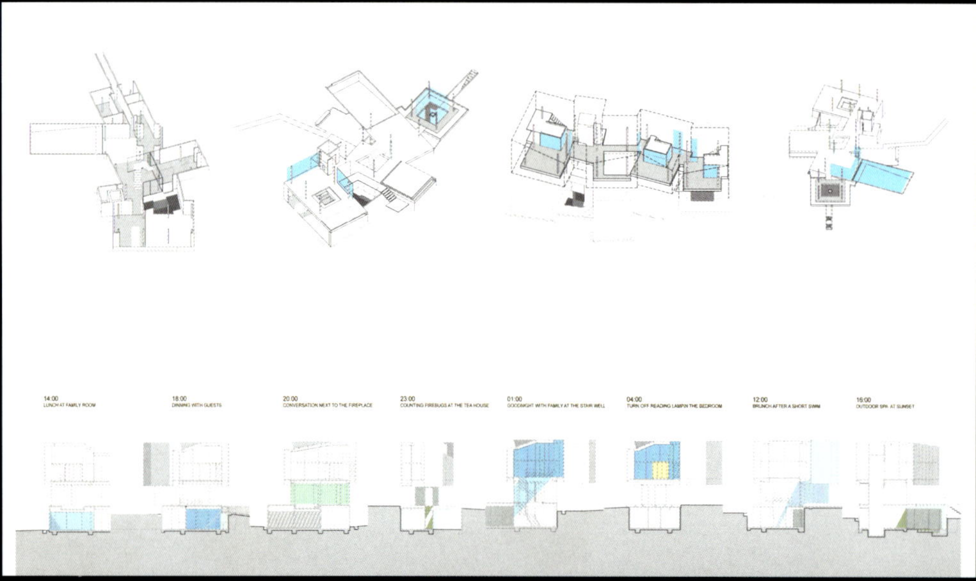

剖面分析　Sectional analysis

杨家凯 Kyle Chia-Kai Yang | **山岚余韵** In Phrase of Stratus |

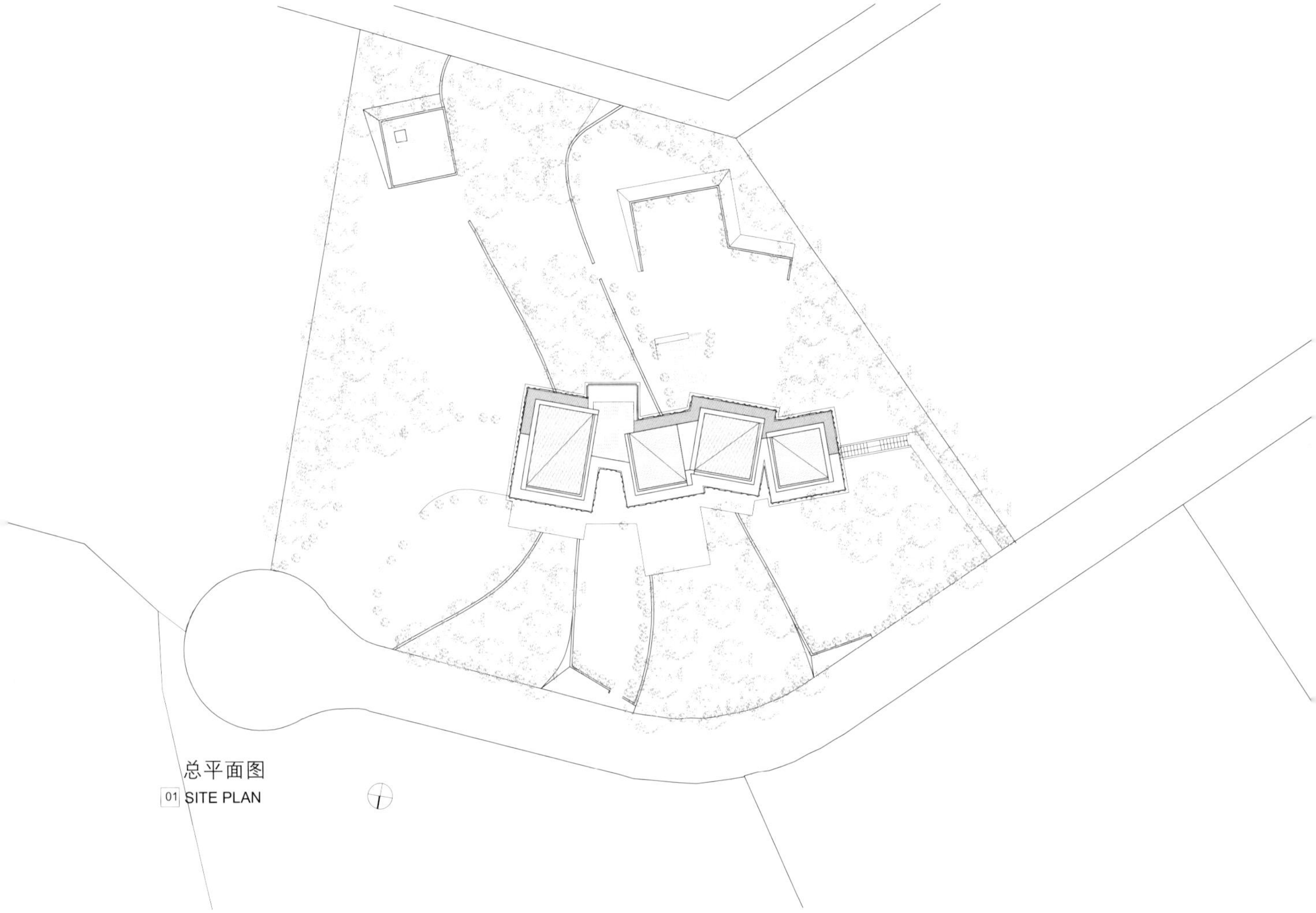

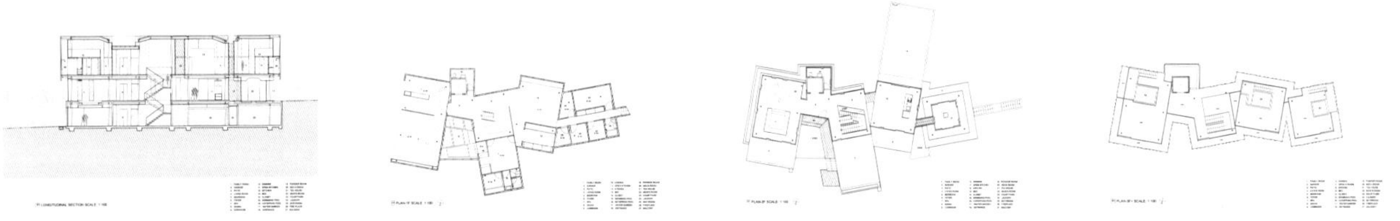

线图 Drawing

模型 Model

【Zone 14】

场地平面图
01 ZONE 16 SITE PLAN

对话 8／10

徐惠林 Hailim Suh

邱文杰 Jay Wen-Chieh Chiu

徐惠林 Hailim Suh・邱文杰 Jay Wen-Chieh Chiu

徐惠林 Hailim Suh・邱文杰 Jay Wen-Chieh Chiu

刘育东（以下简称刘）——想请教两位建筑师，在当今的建筑潮流中，您观察到的关键建筑议题是什么？

邱文杰（以下简称邱）——建筑师的训练，一般都与建筑技术（building）有关，但是一些设计学院目前正试着采用不同的方式来教学，把焦点聚集在创作（creation）上，想让学生变得更有创意一些。

在中国台湾，建筑的执业会让人愈来愈往现实面思考。但是理想的状态是，建物可能是 object（物体），也可能是 non–object（非物体），我们不一定要去评断它是一幢 building（建筑物），或不是一幢 building，我认为这是很重要的。

我所看到的趋势是，建筑物愈来愈不像建筑物，建筑可以用一种充满个人风格的方式来诠释。不论我们想要的是创造一种形式（form），或者是将设计融合于景观当中，这些都不重要，重要的是每位设计者都必须倾听自己内心的声音，并且将建筑物以建筑的方式演绎出来；这需要时间来做出成就，我自己也正在努力做到这点。

因此，在这次的设计中，我就遇到这样的问题——我试着要做出一些非常平凡（banal）的住宅，但我发现自己还没有为这样的“平凡”准备好，我应该要回归原点，倾听自己内心的声音。我想这是一个关键的问题，因为这在整个社会与建筑专业之间有落差，这情况全球皆然，但在中国台湾地区尤其严重，我们都把建筑看得太严肃了。

徐惠林（以下简称徐）——身为参加此次计划的中国台湾境外建筑师，我认为澳底的计划很有趣。张永和上个学期在麻省理工学院安排了与面对全球化议题相关的建筑课程，讨论知名建筑师在全世界纷纷留下建筑印记的现象。我们都知道这个世纪脱离不了全球化，也会影响到建筑的表现，这让我开始质疑这个现象——身为建筑师，我们应该干涉城市的线条、风格到什么样的程度？

我受邀参与这个课程第二阶段的规划，探讨要是不考虑任何明星建筑师，只专注于基地的本土性（locality）的话，可以如何进行分析与诠释。刚好台湾地区的这个案例，就是符合我们这项命题的第一个案例，让我感到非常兴奋。

也因为要探讨本土性，我做了很多关于台风的研究。在这个设计方案中，我必须有非常不同的思维方式，暂时放下我所熟悉的韩国，放下那些冬季到夏季的气候变化，放下隔热方式（insulation）、暖气系统以及韩国习惯的建筑方式等等。

中国台湾属于亚热带气候，有时还有台风与地震来袭，这些议题对我来说非常有趣。我在韩国与美国两地所做过的项目都非常不同，在韩国我会对特殊的景观产生兴趣，而澳底的这个项目也是这样。我在纽约与首尔的事务所之间奔波，是件非常辛苦的事，因为我不像很多建筑师在全球各地都有合伙人，所以我必须亲往现场。

因此，我在这些过程中也时常想着，该如何融入全球化这个问题，因为这对我来说，就是当前关键的建筑议题。

刘——那么，两位建筑师觉得建筑的下一步该往哪里走？

徐——我对此次邀请的设计师组成觉得非常有意思，有年轻的、中生代的，每位建筑师也都有不同的建筑语汇。对建筑师来说，无论在校所学为何，当我们踏出校门，开始执业，就可以不断自我挑战或是去挑战社会成规，我觉得这样做出来的建筑会非常有趣，让人耳目一新。我想，这不只是一种宣言表态（manifesto），我们的确需要这种建筑上的新意与新气象。

同时，我也在想，我们在能力范围内可以做到什么？比如说我在接触这个建筑基地时，我就在想我可以做些什么？这是非常耐人寻味的。

邱——我是游走在极端之间的人，在我的内心深处，我一方面想要成为超级巨星，但另一个声音，却叫我不要这样做，要我降低自己的姿态，去体察人们的实际处境。

现在这个时间点，我想倾听我自己内心的声音，如果想变成超级巨星，那就去吧！如果想要怀着谦卑的心情为社会服务，那也很好。在这个时间点，我真的想做些事情，想做出好设计的心态是不会改变的，但建筑设计所导致的成果，却一定不能只是单纯的建筑物，而是要做出温和轻盈的建筑。

回顾过去十年的执业生涯，我已经将设计做得太过火。在一个我们刚刚提到、充满台风与地震的地方，我用预制板（precast panel）做出长达十米的悬臂结构（cantilever），或是创造出以钢缆横跨两端的大型结构等等，这实在是值得我深思的地方。

不论我们想要的是创造一种形式，或是将设计融合于景观当中，这些都不重要；重要的是每位设计者都必须倾听自己内心的声音，并且以建筑的方式演绎出来。

——邱文杰

因此，现在我想要保持低姿态，希望进入真实的最深处，这个所谓的真实会随着贫富的差异而改变。我必须在很短的时间内找出能让我全面实现理想的基点，这就是说，我可能会视察一个基地一两次，然后从此不再与当地的人深谈，只是从网络等资源找出他们真正需要的，以这种对话产生资讯交换的过程。

徐——时代交替约需十年，但是建筑的改变却往往需要超过十年的时间，我真的很希望整个社会可以更支持年轻一代的建筑师，让他们多进行实验。

在韩国，新生代建筑师都受到很好的教育，也有很好的点子，但后来也许是受到全球化的影响，他们只专注在超大型建筑，而不是具有实验性的小型计划。我认为我们应该在这两者之间保持一个平衡，并且表达自己的思考与点子，这是很重要的。

徐惠林 Hailim Suh • 邱文杰 Jay Wen-Chieh Chiu

刘——这次我邀请许多不同背景的设计家来共襄盛举，参加此次的集体设计，可不可以谈谈当您受到邀请并决定要加入，两位心里想的是什么？

徐——能获得这样的机会，我当然是感到非常兴奋，因为基地实在非常美，又跟一群很有天分的设计师共事，能参与这个计划，绝对是种荣幸，谢谢你邀请我加入。

刘——您刚刚提到中国台湾的气候条件跟韩国很不同，那么当您首次看到澳底基地时，您有什么感觉？您看到什么？又想怎样去诠释自己的作品？

我们应该借由建筑来丰润景观的内涵，而不是反其道而行。其中的关键，就是得让人为建筑在侵入自然环境之后，还能尽量保有景观原貌。

——徐惠林

徐——您知道我们初次来访时刚好遇上台风，视线不佳，所以无法尽览整个景观全貌，但我还是能够感受到这个基地起伏不定的绵延地形。我分到的基地非常美，我马上就爱上了我的基地，谢谢你给我这么棒的基地，我非常高兴（笑）。

我昨天还想去探察我的这块基地，结果因为雨势过大而半途折返，今天尽管还在下雨，我还是会试着去看看，因为对建筑师来说，尽可能多去造访基地是非常重要的，借此我们能够多深入设计方案，并且从中找到灵感。

韩国是多山的国家，虽然我已经定居纽约多年，但是每当我回到韩国，我对于韩国景观所呈现出的地平线，感受依然没变。我们在韩国几乎看不到完整的地平线，因为地平线的尽头就是绵延的山势，呈现起伏如波浪翻腾的地形，你几乎会感觉到自己仿佛身在其中、可以拥抱这种景观。这种意象与美国那种平坦、一望无际延伸而出的地貌非常不同。

在中国台湾，我的确看到了中国台湾与韩国两者之间的相似之处，但是像中国台湾澳底这样的缓坡地形，是我之前不曾接触过的。这刚好与我最近正忙着的一个高尔夫球场度假别墅设计方案，有些相似之处，我也正想着要怎样邀请其他建筑师一起来合作这个项目。因此，看到澳底计划能找到这么多优秀的建筑师一起进行设计，对我来说实在非常有意思。

不过，回头来看，这里头有一个很值得聚焦关注的议题，那就是请来这么多优秀的建筑师一起设计之后，我们应该怎样在相连的基地上和谐共处？怎么样才能够让成果看起来不像是一座展示建筑的百货商场？这是需要去谨慎处理的问题。

我想，其中的关键，就是得让人为建筑在侵入自然环境之后，还能尽量让景观保持原貌。我们应该借由建筑来丰润景观的内涵，而不是反其道而行。

刘——那么邱文杰建筑师接到我们的邀请时，心里头第一个想法是什么？

邱——我在接到邀请时，马上就答应了（笑），这里头有两个原因，第一个原因是发自内在的、倾听自己内心的声音，就是一种自我成就（self achievement）的渴望；外部的原因，则是这次设计师之间的交流，这样的设计“派对”是很有意思的。我私下是个性非常沉静的人，但我喜欢这样的设计派对，可以让设计者更了解现实状况并且进行交流。

刘——澳底离台北非常近，您首次看到澳底基地时有什么感觉？您眼中看到什么？心里又想些什么？

邱——因为我们就住在这里，所以本土建筑师对于这个基地的认知，会不同于境外的建筑师。当我首次站在这个基地时，我的感觉其实跟徐惠林建筑师非常类似，因为我相信大家一开始一定预期会有海景，然而这个景观有它自己的性格，这就足够发展出这样的设计方案。

我知道太平洋就在前方，我也知道那里的景观有多美，虽然了解这种美的人并不多。我在想着应该怎样让设计既精确、又深富意义，这样就很好了；我试着不去想得太多，这是我的感觉。

徐——即使只看到基地的照片，我就已经感到十分惊讶了。

刘——我们再来谈谈两位各自的设计，如何回应这次“下一代基因 Next-Gene”的创作主题好吗？

邱——今天早上我非常开心，我在更改设计后让设计方案通过了，因为我想用自己的方式让大家相信，平凡也可以是种美（banal is beautiful）；至于所谓“我自己的方式”到底为何？我还在努力尝试当中。

不过，经过今天早上的设计会议之后，我找到了一些我想要的设计表达方式。我想做出两栋建物，其中一幢为木构、另一幢为玻璃屋，另外再加入一个下沉式的广场（plaza），当作两者之间的转换空间（half bred）。这样的思考将会剧烈改变我原本的构想，也就是要看起来平凡。

现在由于构想的概念愈来愈强，因此我找到可以进行改变的素材。举例来说，我刚开始提出的设计形式非常传统，属于尖屋顶房屋的构型；内部的室内设计可能极为独特，但外部则最后可能还是相当平凡，这意味着这种概念可能不是那么强烈。

徐惠林 Hailim Suh · 邱文杰 Jay Wen-Chieh Chiu

但是我所说的平凡，不一定就指概念也相当平庸；平凡也可以相当强烈，强烈的概念但用细腻的方式来表现，也许就能表达出我想讲的那种平凡。

刘——那么，徐惠林建筑师，您如何回应这次的创作主题呢？

徐——这整个计划，是关于如何让独栋住宅，或是八幢、十幢房子可以被当作典藏。我的想法是让景观与住宅产生关联，因此看过了我的模型屋之后，再前往这十幢屋子所在的建筑基地观察，我发现情况有了转变——我很想要 Julien De Smedt 的建筑基地，因为他的基地可以俯瞰整个宽阔景观（笑）。

我在想，为什么要给我们这么不同的基地呢？这就是建筑有趣的地方吧！因为有这样的条件限制，因此我们得想出一些解决策略，这实在非常有意思。由于这十幢屋子并不是沿着等高线平行排列，而是切过等高线而分布，因此我们必须提出另一种策略，向外延伸，将整个景观环绕包围（encompass）起来。

我在思考的是，这十幢房子可以分成十个体量，但要如何将它们组合起来，再让它们与整个景观产生连结；还要找出一种整合系统，好让每件设计依然能够各自鲜明突出，都是很重要的。身为建筑师，看到同样的建筑物被重复复制，这还蛮有趣的——这些屋子一边使用相同的材质，一边又让各幢拥有自己的特色，方便住户有所选择，这也是极有意思的。

刘——这次的设计跟您以前的作品有什么不同吗？

徐——正如我先前所说的，中国台湾地处亚热带的气候非常特别，因此其他建筑师也提到，这个计划就提出如何能将室内外空间成功地整合在一起。在这个计划当中，体量之间会有比较多室内、室外难以界定的空间，既不是用来隔热的阻绝空间，也不是涵括（containing）的空间，而是整个开敞的性格，这与我在韩国所做的设计非常不同。

我以前给大家看的包覆性住宅（wrapping house），重点完全在于包容、包覆以形成保护，借此隔绝冬季严寒与夏季酷暑。澳底这个项目则恰恰相反，建

筑包覆的面向不同，讲求的是怎样向外敞开（open up），这是完全不同的理解方式。

邱——我刚刚回答过这个问题，基本上我希望能够试着表现平凡，但又有点特别，就像我刚刚所说的，游走在两个极端之间。我以前的设计，有点类似徐惠林的设计，反映出地形地貌，不过这次我宁可做个与景观相关的设计，创造一个物体（object），这正是我心里所想的。

刘——以前我们都不知道与自己相邻的建筑师会怎么设计，也会去猜测彼此的创意，那么两位如何去回应邻居们的设计方案？

徐——有个让人很愉快的巧合是，平田晃久建筑师的基地恰好在我的旁边，两块地形也有点相似，形成了很好的关联性，将来就看我们如何操纵多重地层（multiple ground level），将之整合涵括之后再向外延伸。

由于整个基地看起来非常紧凑，形成了十分有趣的对话，我很好奇该如何把建筑组合起来？要让这些设计看起来吸引人或是彼此产生对话，我想需要借助景观或是开放空间的串连。从我过去在韩国的经验看来，坡州出版都市（Paju Book City）也有与澳底计划相似的议题，两者同样都是把多位建筑师的不同设计整合起来，也有些参与的年轻建筑师承接了较小型基地的设计，做出很多实验性的计划。

坡州出版都市最后是经由类型学（typology）的概念进行整合，每一个区域做一种设计，并且让类型学贯穿其中。因此，我们虽然做了很多不同的设计，里头却有个大的整体规划（master plan）贯串其中。

我所关心的是，最后的成果可以怎样去组合起来，因为坡州出版都市订出了一些大方向（guideline）来设定景观与区域的划分，但澳底这个项目则没有，因此我很想看看整个出来的结果是怎样的。

邱——如何整合线性或是非线性形态的景观设计，使它成为单一的概念，这是非常重要的。我可以想像得到，刚一开始可能整体看上去会仿如海上的点点岛屿，或是沙漠中罗列的绿洲，这是线性的串联法。

我希望我们可以直接与景观设计师进行对话，将细腻的表现手法注入我们作品的周边，并且回归我们的原创概念，这样做起来将会非常棒。

刘——最后一个问题请教二位，对于这样的集体创作，你们是感觉到压力更大？还是觉得更有趣？

邱——一开始我试着不受别人影响，但我也是常人，这样的设计“派对”，是很大的挑战，也会感受到压力，不过我还是能找到其中的乐趣，让我的想法可以表达出来。

徐——现在我对台湾愈来愈有认识，发现中国台湾与韩国的情况其实非常类似，建筑设计的步伐非常紧凑快速，往往是先设计、进行访谈，然后就启动了；外国的建筑师一来韩国，都会惊讶于韩国人的迅速。澳底这个项目的时间程序比较没那么紧凑，事实上，如此非常具有逻辑性的程序，让我有时间可以仔细推想，一次尝试一个新的点子，我想这样是很好的。

徐惠林 / Hailim Suh

山脊之屋
Ridge House

【House 15】

这个基地位于"澳底大地建筑国际计划"的入口处，周边有座极富戏剧性、勾勒出基地北脊的深谷；越过这个深谷，还能远眺太平洋的绝佳美景。设计的初始研究先由地形分析开始，借由从山谷到山脊的等高线、陵线以及坡度的重新分析与判读，将基地的几何轮廓加以重新勾勒。经由这样的分析，我们利用延伸自深谷的山脊线描绘出房屋的屋脊，如此将能使房屋与景观之间的关系模糊化。

房屋的主要规划是沿着这块线形的带状区域分布，沿着斜坡面逐渐隆起至10.5米的最大限制高度。整体的空间配置由两栋建筑物相连，一栋具有公共的交流空间、客厅与主卧室，而另一栋则是属于私人的空间，包括儿童房与客房。这两个建筑体量用一片铺盖房屋表面的木皮相连接，类似百叶窗的横向木构造则有助于保护房屋免受刺眼的南方阳光照耀、同时保有居住空间的隐密性。利用街道高度的落差，门开向北面以享有开阔的视野，并能将远方海洋的景致尽收眼底。

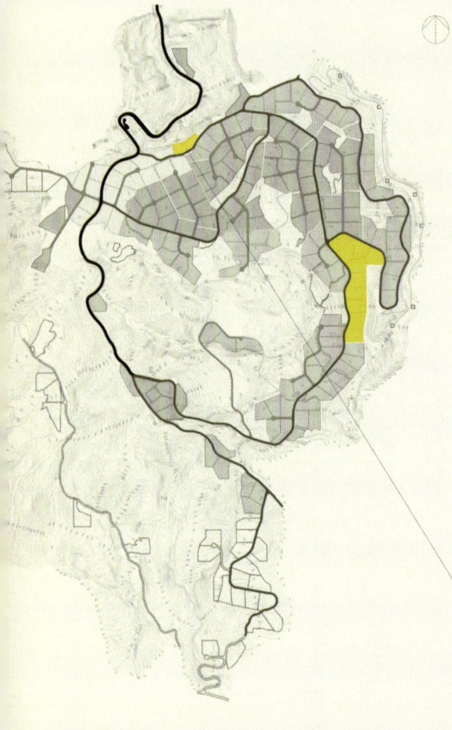

建筑设计 Himma Architecture | Hailim Suh & Brian Ripel
设计团队 Sae Hyun Kim, George Showman, Seunghyun Kang, Taka Sarui, Jeffrey Dee, Grace Joohae Lee
本土建筑合作 邱文杰 | 大涵学乙设计

基地面积 2542 m^2
建筑面积 250 m^2

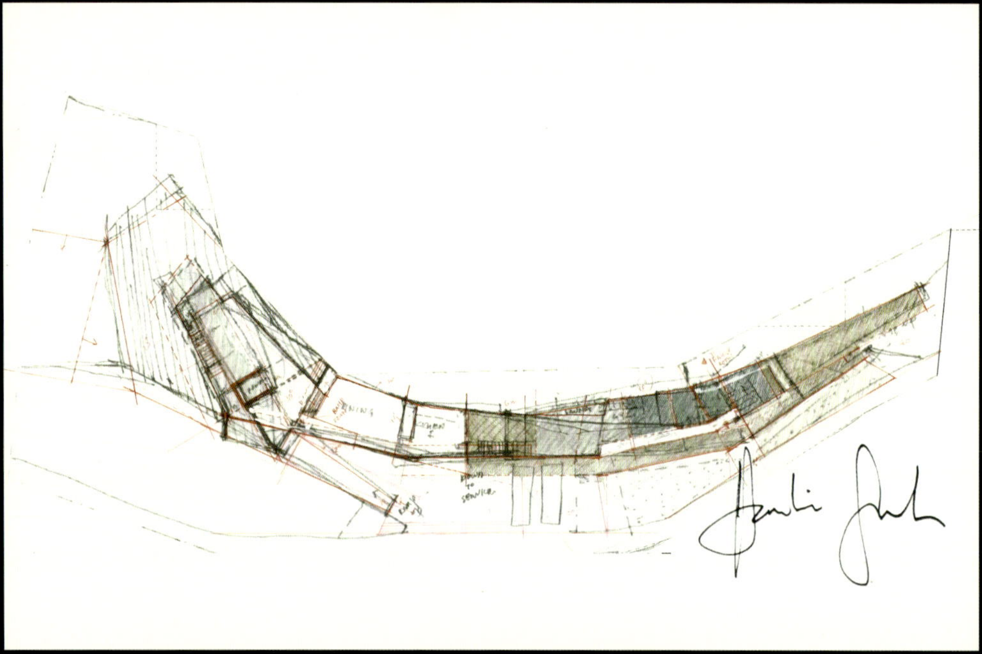

速写 Sketch

BASEMENT FLOOR

1 MAID'S ROOM
2 LAUNDRY ROOM
3 MECHANICAL ROOM
4 STORAGE ROOM
5 EXTERIOR TERRACE
6 SAUNA / STEAM ROOM
7 GYMNASIUM
8 HOT SPRING POOL
9 LOTUS POND
10 GARAGE

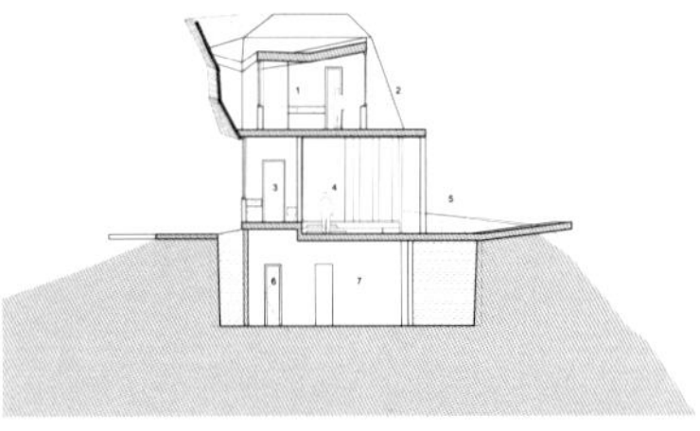

1 GUEST ROOM
2 EXTERIOR TERRACE
3 BATHROOM
4 LIVING ROOM
5 VIEWING PLATFORM
6 LAUNDRY ROOM (BEYOND)
7 MAID'S ROOM (BEYOND)

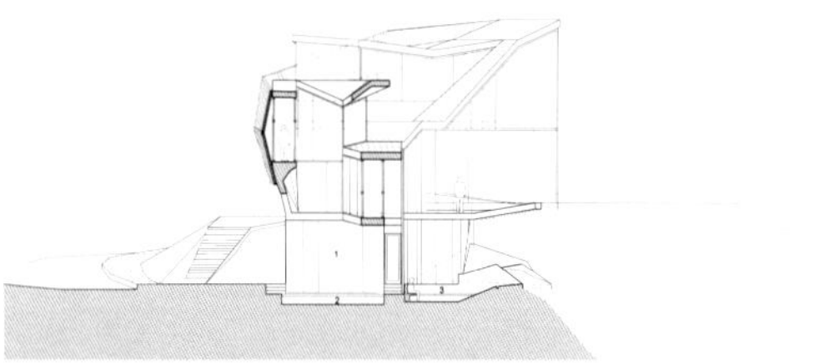

1 GYMNASIUM (BEYOND)
2 LOTUS POOL
3 HOT SPRING POOL

线图 Drawing

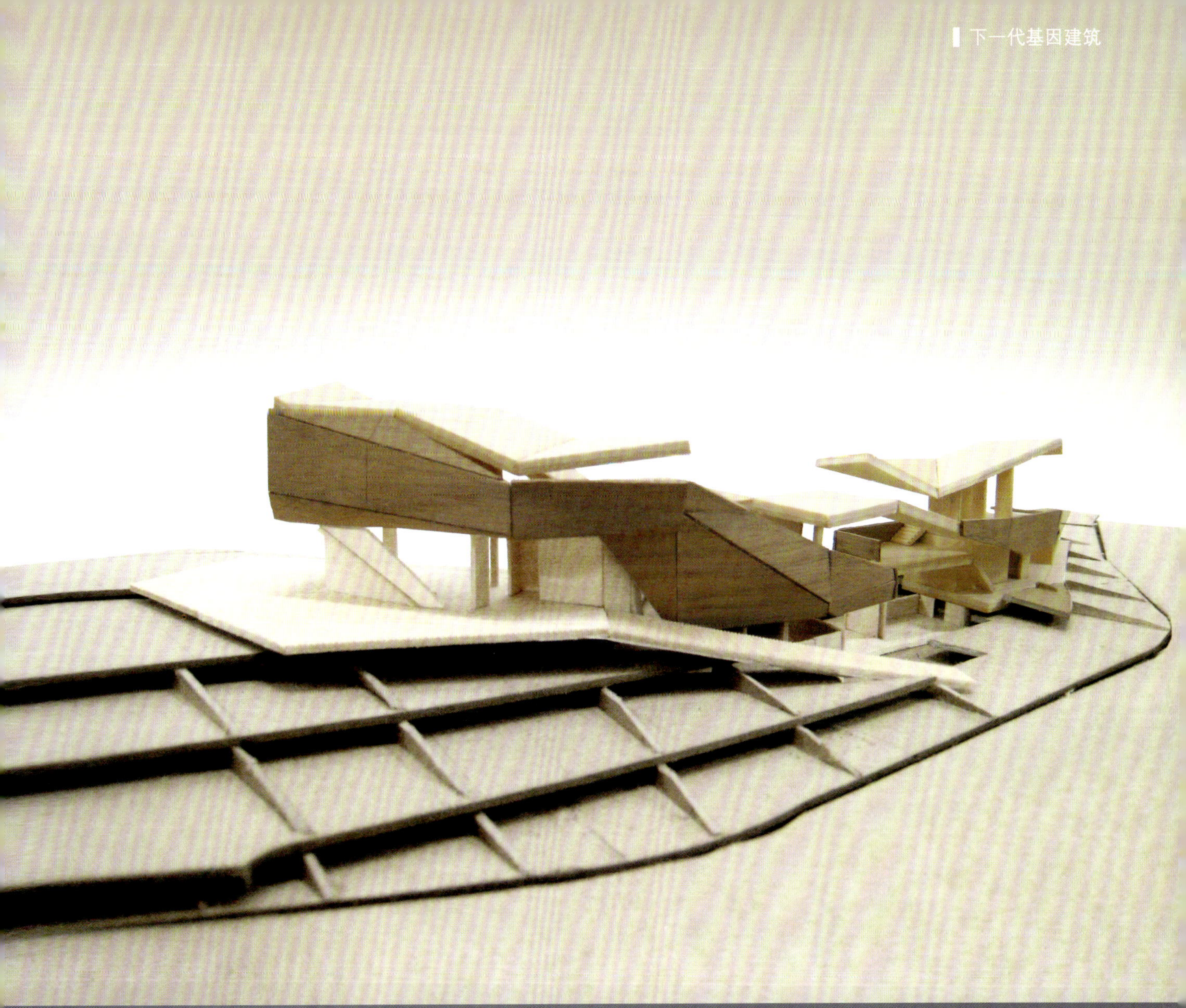

模型　Model

效果图 Rendering

模型　Model

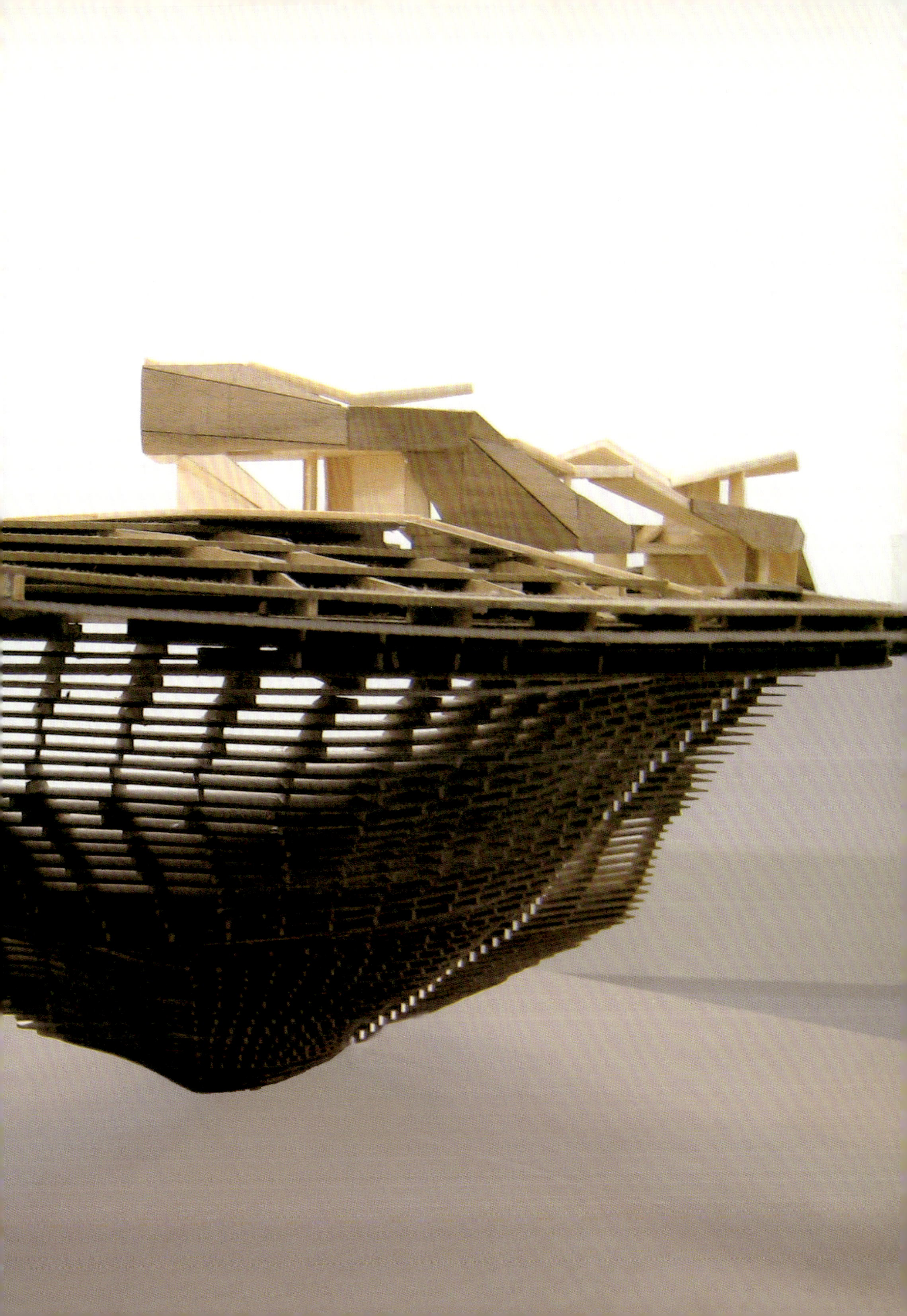

House & Zone 16

邱文杰/Jay Wen-Chieh Chiu

山丘上的精灵
The Elf on the Hilltop

【House 16】

美丽的盆地里，有好多可爱的小山丘，一个连着一个直到天边。

方块不由得随波浪状地形起伏摇摆，来点轻快的舞步。

生活的私密角落，有时迎风舞动，有时迎光，有时背光；

有光影的穿梭，有树影相伴、火炉取暖，视觉通透明亮。

这种随波浪山丘起舞，左摇右摆的生活容器，

仿佛生活在丘原里的精灵，晶莹剔透，

我们称她为山丘上的精灵。

建筑设计 邱文杰丨大涵学乙设计 A+B Design Group
结构设计 长浩结构技师事务所／富田构造设计事务所
机电设计 棣鼎工程顾问有限公司
基地面积 2564 m²

UNIT & ITS REGENERATING

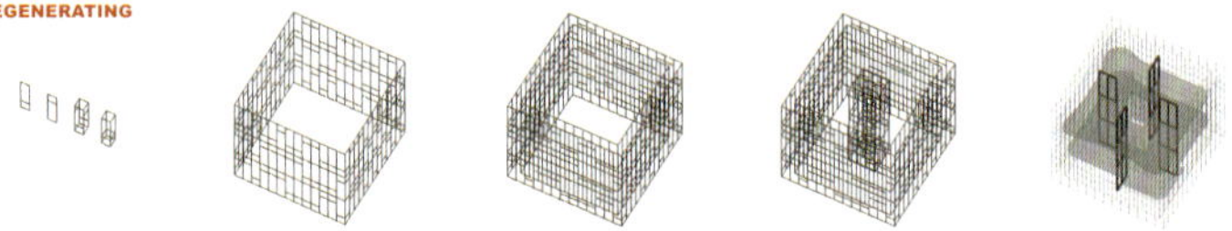

- FRAMING
- DOUBLE LAYERS
- TUBE WITHIN TUBE
- LATERAL FORCE & SHEAR WALL

STRUCTURE & ITS TRANSFORMATION

- DIALOGUE WITH EXTERNAL LANDSCAPE
- DIALOGUE WITH INTERNAL LANDSCAPE(FUNCTION)
- DIALOGUE WITH BUILDING'S INFRASTRACTURE
- DIALOGUE WITH KEY ELEMENTS OF FURNITURE

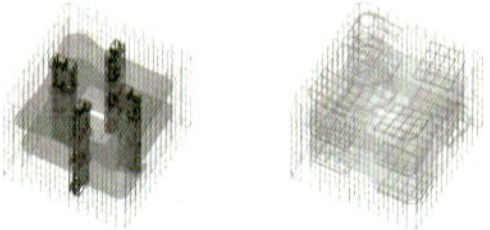

- SHEAR WALL REGENERATING INTO BOOKSHELVES &CLOSET
- CEILING REGENERATING INTO CURTAIN & LIGHTING RAIL SYSTEM

TOTAL SOLUTION IN LIVING COMPONENT

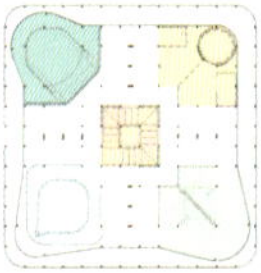

FIVE ELEMENTS IN LIVING COMPONENT

LIVING ELEMENT 1
READING AREA & BOOKSELF
WOOD FRAME STRUCTURE
-READING AREA & BOOKSELVEA

LIVING ELEMENT 2
WOODEN BOX
- AV & RESTING AREA

LIVING ELEMENT 3
GLASS BOX
- BATHING & SHOWERING

LIVING ELEMENT 4
BRICK REINFORCEMENT
- FIRE PLACE & LIVING CORNER

LIVING ELEMENT 5
WOODEN STAIR
- VERTICAL LINKAGE

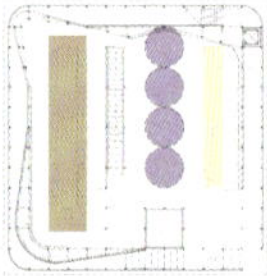

THREE ZONES IN SOCIAL COMPONENT

SOCIAL ZONE 1
BANQUET / MEE TING

SOCIAL ZONE 2
SOFA AREA
STEAM CHIMNEY OF HOTSPRING

SOCIAL ZONE 3
BAR & OPEN KITCHEN

ELEMENTS & ZONES

CONCEPT 2

完全答案 TOTAL SOLUTION

所谓“完全答案”是指以一种结构单元，借由繁衍、变形、扭曲，以及成长的方式，去解决建筑物设计过程中需要表达的结构、空间、型态与外在环境、内部空间及使用机能上的微妙关系；同时，更顺势繁衍并自在地变形成次级结构所需的支架、吊架，甚至于主要核心家具如书桌、火炉、厨具、衣炉及展示炉等物件的结构或主要支撑物。这是从本体结构开始就跳脱传统框架柱梁系统，并进一步演变成

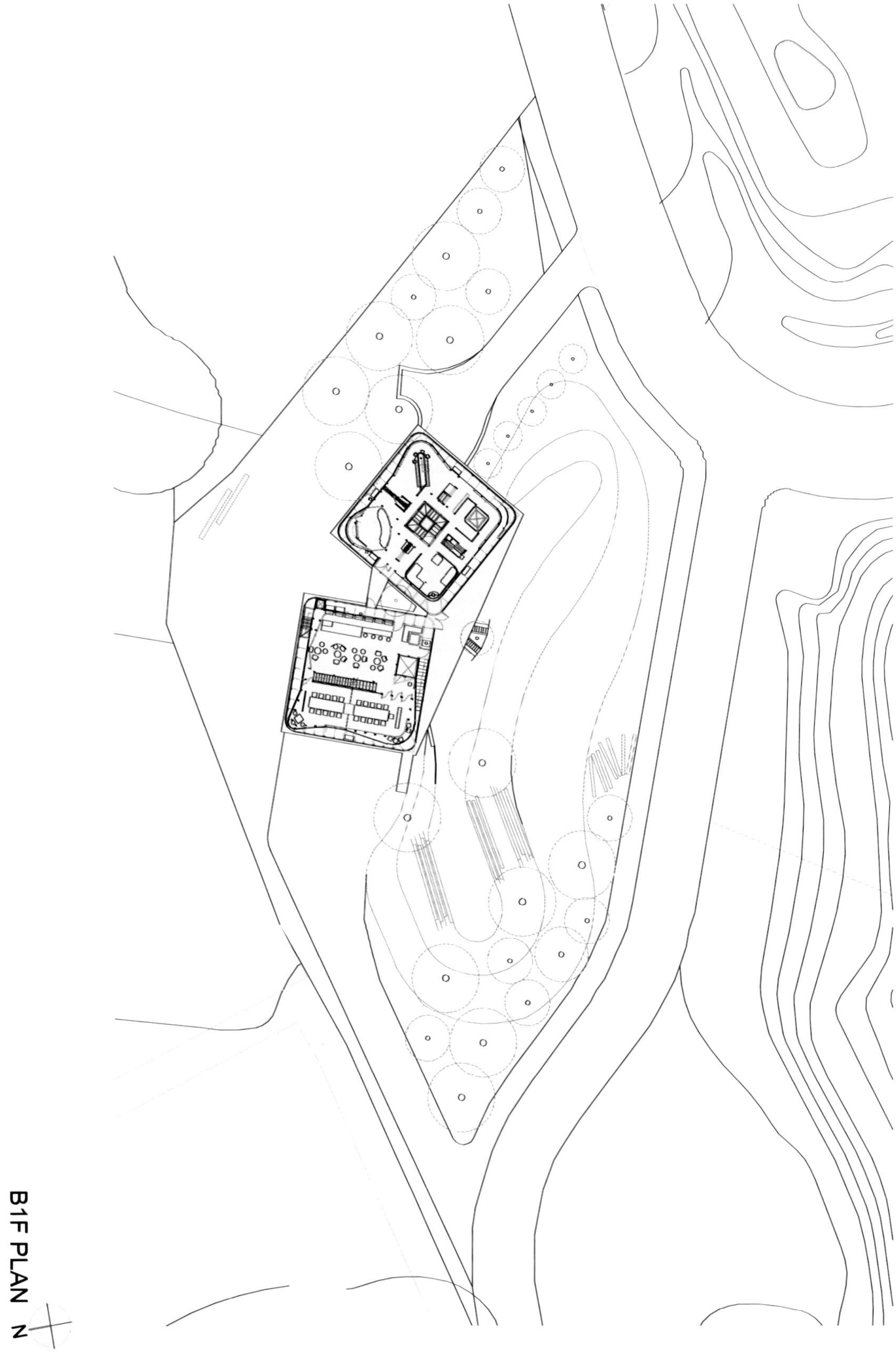

平面图 Plan

室内 Interior

效果图
Rendering

【Zone 16】

对话 9/10

Julien De Smedt

黄声远 Sheng-Yuan Huang

Julien De Smedt・黄声远 Sheng-Yuan Huang

Julien De Smedt · 黄声远 Sheng-Yuan Huang

刘育东（以下简称刘）——请问两位建筑师，不论是全球化的或是本土化的趋势，您观察到当前关键的建筑议题是什么？

Julien De Smedt（以下简称Smedt）——从“问题”开始进行讨论，的确是个好的开头。我想，建筑界近期有非常多的建筑项目，几乎可以说，有太多的建筑设计方案竞相推出，这也是我们会在这里的原因（笑）。虽然这样对建筑师来说很棒，但也是需要去思考的关键问题。

我认为美感或风格从来都不会是个设计的问题，我们所关心的是更大的议题，也就是人们如何使用空间这个议题。

—— Julien De Smedt

自从西班牙的毕尔巴鄂（Bilbao）进行都市更新并且获得成功之后，我们可以观察到，许多爆发式的多样建筑形态便不断出现，这实在很棒，我们觉得这样的建筑能诞生，是很幸运的事。但从另一方面来看，又会发现虽然建筑师做了很多，却似乎缺乏一种目标性，好像只是因为拥有了新的自由，可以做任何想做的事，所以就不断把建筑物生产出来。

当前的建筑缺乏目标，也缺乏批判与评论的省视，因此有个很重要的议题，就是必须赋予建筑一种关联性对应（relevance），并再度把建筑重新放进一个架构（frame）里头，跳脱以往只重视外观的印象，暂时忘记建筑物看起来酷不酷的问题。

因此我们这次的设计，采取的是一种比较谦逊节制（modest）的方式，试图让建筑物隐于无形，同时又更矜持（hold back）一些，让其他原本可能已经存在于建筑基地上的美丽事物可以显现出来。

有趣的是，我们的做法也遭受了一些批评，有人说我们设计的房子看起来有些像坟墓（笑），因为这牵涉到文化，因此我们也必须做一些调整与更动，而且要是正确的更动。这一次，因为有许多位建筑师一起合作，所以我们必须稍微低调一些。刘育东建筑师的基地就在我们隔壁，所以您也会需要有些开阔舒展的景观视野（笑）。

刘——那么黄声远建筑师您呢？

黄声远（以下简称黄）——我们最近专心在做的，是要让整个基础架构（infrastructure）建立起来。我想到的是，有那么多的事情要做，也许应该回到原点，审视一切，用比较缓慢的步伐来进行，看看还有没有其他可行的建筑方案，进而思考生活的本质，让心情轻松一点，也许就有些新的点子会跑出来。

刘——两位似乎都试着不要强加太多东西在现有的基地上？

Smedt——我不反对在乡间进行这个项目，但面对整个形势，我们必须做出许多决定。这项建筑计划的关键问题在于基地，在全球其他地方都没有类似这样的计划，可以说是史无前例，因此大家都提出环境议题，并且发出质疑，思考可以怎样融入当地的材质或景观，并重新利用这些元素。

大家都想要做出可持续的环保建筑，这其实也是一种市场运作的力量。全球各种大型建筑计划正以疯狂的步伐不断推陈出新，但事实上，却完全没有考量到环境因素。

黄——我认为值得思考的是，我们正在消费环境，将它成为我们的材料，好创造出人为的建筑。最近我们开始反向思考，什么才是本土建筑师真正可以做的？我住的宜兰离澳底不远，环境也很相似，我们试着提出人性景观（humanity landscape）的概念，我相信 Julien 也会提出与景观相关的计划。

Smedt——我们总是在思考什么才算本土？什么是本土的材料？我们并不是要做本地风土（vernacular）的建筑，但我们总是遇到一些质疑，问我们是否要做富有现代性，同时又具地方风味的设计。

黄——对，就是这样。可是我们并不想如此设计，如果我们是从很远的地方来到这里，或是只能花很少的时间来推敲设计方案，我们可能就只能利用外形、结构等元素去创造建筑。因此，我觉得应该要花很多时间待在当地，这也是为什么我们笑称自己只接距离事务所三十分钟车程内的项目（笑）。

这是很好玩的策略，好像我们相信建筑必须来自一种内在的深层，比如说缓慢的生活节奏等等。如果你把自己放在那个环境或情境里，你就不需要只去考虑外形等等，而会真正思考到能够反映你生活环境的元素。

我们对这个项目想要进行的研究，是找出人们如何生活。事实上，这个区域有很多人是从大都会台北来的，他们心里面深刻渴望着接近农耕生活。因此，你可能会遇到一个种菜的农夫，而他其实是有五百多人在他手下工作的大老板，这是真的有可能发生的。

我们所做的，就是试图从当地人身上，发现本土的生活型态。不过，我们还在寻找建筑上的解决方案。

Smedt——你这样做似乎有点画地自限（笑），我的做法则是，让想法与态度随着建筑计划方案而改变。我们的心中可能都会有些界限、会有一些对于渴望执念的坚持，但我不会先限制自己。

黄——如果你看过我的其他设计方案，就会发现其中还是有些差异。别人总说我们这样改变城市风貌是件疯狂的事，但也许这样的限制，是希望我们不要一味追随主流。我们自我限制的目的，其实是期望自己未来能够更开放，有更大的可能性。

我们还是拥有自由，只是觉得不需要到处奔波，只需要在驻在当地的情况下专心扮演一种角色就可以了，这样也才能追求我们想要的自由。不过，困难的是，也许我们给了别人错误的信息，以为我们只是在限制自己。

对话 9／10

Julien De Smedt・黄声远 Sheng-Yuan Huang

Smedt——所以你真的只做距离事务所不远的项目？或只做住宅设计吗？

黄——其实我们什么都能做，只是我们专注在自己的生活圈里头，而这里头可以触及到的点，事实上比别人想像的还要广。我们总是试着提出另类的解决方案，用不同的方式来设计。我们不只设计住宅，而是所有建筑形式都能做。

刘——我们再回到讨论的议题上，两位对未来下一代建筑的走向有什么看法？

黄——说实在的，我不知道该如何预料未来，但有些议题，或许是我们的下一代可以思考的。比如说，在未来我们会有愈来愈多选择，也会有愈来愈多的可能性；不过年轻人似乎不想再像上一代建筑师一样肩负重责，资讯与知识也以极为特定的方式传递聚集，反映出完全不同的思考模式，这是我们完全不能预期到的。

另外，更有趣的是功利取向的问题。人们要先有目标，然后才去学习或搜集相关知识与资源，这也许是种有效率的方式，但我反而认为他们一开始就受到了限制。也许我也需要去学习适应这些变化（笑），并让传统与新的做法可以并存。

Smedt——我们的事务所刚好跟你们的相反，不是强调本土。我们在哥本哈根的设计项目并不多，百分之九十的项目都在丹麦境外。我想再回到这个议题上；我们试着以产生关联性对应的方式来对待设计案例，这与我们所做的设计看起来有多酷并不相关，重点在于我们该对建筑基地感到热情，且让社会大众再度对环境感到关切。我们的很多项目，都试着想让整个环境变得更富魅力（engaging）。

我想要提一下纽约的西格拉姆大厦（Seagram Building）为例，不论它看起来是如何无趣，它还是堪称为经典之作。为什么这幢大楼会比大多数的现代主义或者国际式（international style）的作品出色？因为它做了些微的改变，在远离城市棋盘方格的同时，也带进了广场（plaza）的概念，创造了很酷的空间，这样的小改变，就是为建筑发展跨出了一步。

黄——您说的这些让我想到一件事，虽然我们做的是本土的建筑方案，但我们总希望能带进当地所缺乏的建筑元素，让它更为丰富，就像你刚刚提到的西格拉姆大厦，它在整个空间的空间文本

(context)里，留下了呼吸的空间。我们在进行当地设计时，也一直都是这样做的：让建筑与当地生活紧密结合，并且试图找出当地生活所缺乏的内涵。

刘——让我们来谈谈澳底Next-Gene计划，这个跟其他建筑项目相当不同的计划，是由二十位建筑师在相似的基地条件下进行团队设计；你们两位当初收到这个邀请时，心里怎么想？

Smedt——我们当初看到时间表什么的都已排定，心想应该可以开始去做；我们会因为看到一个项目很令人兴奋，就想要去做。对于来自遥远国度的我们来说，从远远的角度来看，这个建筑基地真的很美，有山丘、有海洋、有景观视野，还有绵延绿意。

我们以相当开放的心态来参与本方案，事前我们只熟悉西方的建筑师，并不认识任何中国台湾当地的建筑师。对我们来说，这就像是探索未知的领域一样。来这里进行这个计划很棒，从文化的角度来观察，也非常有意思。有趣的是，我从来不设计住宅，我只设计过三个住宅项目——我自己的房子以及一个在法国的小型住宅，再来就是这个设计项目。

我认为美感或风格从来都不会是个设计的问题，我们所关心的是更大的议题，也就是人们如何使用空间这个议题。这是非常脚踏实地的想法，因此非常有趣的是，我竟然没有什么住宅的项目。

刘——那黄声远建筑师呢？您与Julien是完全不同类型的建筑师，也是距离澳底最近的设计者。最接近这个环境，可能对这个环境最熟悉，那么接到邀请时，您是怎么想的？

黄——这完全是难以预料的状态，因为我们从来没做过这么商业的项目，完成后作品必须被公开销售。我们做过的住宅大概也只有三四件，对我们来说，设计住宅必须严肃看待，因为我们的业主就住在里头。所以，我们设计住宅，往往抱着谦卑、近乎宗教的虔诚情怀来做，每次设计住宅，我们都会有这种心情。

因此，我们在事务所总是保留着一个住宅设计方案，提醒我们也许自己还不够好，会遇到很多的问题。

像澳底这个建筑设计项目，因为有这么多建筑师一起合作，所以有件我觉得很好的事，就是我们在宜兰时往往负有某种任务，要让城市变得更具多元风貌等等，但是这次有这么多建筑师在同一基地

对话 9/10

Julien De Smedt · 黄声远 Sheng-Yuan Huang

上设计，我们就可以很从容地找到自己的定位，像是以人文思考为出发点等等，并且专心一致在这个主题上。因为我们相信其他建筑师都各自会提出很好的建筑宣言，所以我们只需要专心做自己、挑战自己，看看品质是否能更好。

这次的项目让我们感觉到有很好的后援，因为做公共建筑方案时，我们往往无法达到最佳的品质，每次总让我们陷入哲学性的思考，而不是去考量材质的部分。这次我真地很想要在建筑材料上多考虑，我觉得应该会有很好的结果。能跟各位建筑师一起合作，也让我们觉得很自在。

在澳底的设计方案中，我们想要好好地思考居所这个议题，用很传统的方式，关心人们居住的环境与处境。

——黄声远

刘——我们刚刚看过了各位的设计，想请教两位，您的作品如何去回应"下一代建筑基因"这个主题？

Smedt——我想这次的设计主题有很浓厚的景观与建筑结合意味，所以我们这次的设计，几乎有点隐形的味道。好像你拿张纸跟一把刀，就可以裁出我们的设计，而这事实上也是我们画出设计图的方法（笑）。

刘——那么，您这次的设计跟以前的其他设计有什么不同吗？

Smedt——奇怪的是，我们的作品有一种延续性，比如说住户可以使用的屋顶空间就是一例。

现代主义建筑大师柯布西耶提出的新建筑五要素当中，其中一项就是住户可以亲近使用的屋顶花园。另外，我们在品质上的讲究也是非常明显的。

我有个在曼哈顿的项目，使用的就是顶楼的空间，我们必须去计算可以使用的公共空间面积，包括顶楼屋顶、人行道、公园等等，整个面积算起来其实十分小；但既然空间已经存在，接下来的问题就只是如何去应用它。就是类似这样的原则，我们可以保持某种程度的作品连贯性，好比说对于屋顶空间的处理即为一例。

刘——那么黄声远建筑师，您的设计如何回应这个建筑计划的主题？

黄——我们想要扮演一种角色，就是做出其他建筑师不会做的设计。

在澳底这个接近自然的环境，也许人们会产生思慕之情，也会想要找回人性的温度。以前这个基地几乎被开发为高尔夫球场，我推想以前也曾有村落，或是其他人类生活的轨迹，因此这次我想既然我们这么接近这个基地，或许可以在我们的生活圈内多做些研究，让这个设计变成符合人性尺度的景观（humanity landscape），以微观、敏感、人文的方式来诠释时间，这是我们想要做到的。我们认为土地不只是土地，因为上头还会留有人类行为的痕迹。

我们近期的设计方案跟这个方案非常不同，在澳底的设计方案中，我们想要好好的思考居所（dwelling）这个议题，用很传统的方式，关心人们居住的环境与处境。

刘——请问两位如何回应基地上你们的"邻居"的设计，让设计之间有所对话？

黄——很好玩的是，我与其他中国台湾建筑师是熟识的，因此我可以猜测出他们的设计内容（笑），所以我们假装我们的设计不在其中，也没有发展出什么新的建筑语汇，就让它像是一块空白的地区。我们的设计不会超过两层楼高，仿佛藏在竹林当中，试着对我们的邻居表示友善。

刘——Julien 您的这幢住宅里头，有着下沉式设计，它如何与其他建筑师的设计进行对话？您的设计让别人的作品也能享有开敞的大片景观，为甚么？

Smedt——到最后，我认为整体效果的呈现才是最重要的，如果每个人的设计都各持己见，就会把整体的效果给毁了。我们的设计不会变成其他设计作品的阻碍，让各家仍能保有开阔的景观。

刘——这里头是否有点东方的禅风或是佛教思考在里面？

Smedt——也许这就是为什么，我正为佛光山在巴黎进行新建庙宇的设计吧！（笑）

刘——这样集体创作的计划，会让两位感到压力更大？或是激发您更多灵感？

Smedt——这整个过程还满让人感到愉快，我们比其他人更早开始进行规划，概念的设想其实是从甜甜圈得到的灵感，整个过程进行得很顺畅，我对此也有很好的感觉，肩上也没有那么大压力。设计我自己在巴西的家反而是场噩梦，我们与不同的人合作，常常在电话中就吵了起来（笑）。

黄——我们其实很放松，好像大家一起来游戏一样。这样的集体创作计划，让我们可以看着别人的设计品头论足，设计师们就像同学一样，彼此熟悉，有种无形的默契。对新一代的设计师来说，他们可以从中看到建筑师们的风格如何南辕北辙，也可以学习如何一起合作。

另外一点，重要的不只是我们眼前可以看到的设计而已，在眼睛看不到的地方、这些表象之下，也是很重要的。建筑师们会觉得我们正在成就历史，我们感觉到似乎可以改变一些现状，这是很棒的感觉。

Julien De Smedt

回旋之屋
The Twirl House

【House 17】

在建筑史上，极少有如此有抱负的将世界顶尖建筑师齐聚一堂，共同为世界上最美丽的基地之一，创作前卫却又实际可行、足供个案研究的住宅计划。我们受托在中国台湾这块美丽的大地上，创造出能与自然和谐共处的建筑；这样的任务凸显了业主对于建筑、生活与文化的支持，以及要让这里的居住者，真正找到家的感觉的强烈企图。本建案的预期买主是来自台北、需要逃离都市繁忙与混乱环境的忙碌现代个体与家庭。

当受邀在这处位于澳底、宛若伊甸园般美丽的地点建造一系列住宅时，我们起先害怕会打扰了这块几世纪以来自然环境一直保存得十分完整的地方。但就在一次强烈台风过后，我们造访基地之时，我们才了解到虽然这块基地的自然环境保存得很完整，但其实仍经常有细微的变化——这地区习以为常的台风会将地表重新塑形、扰乱脆弱易折的植物，因而更动了地形地貌等等。基于这一点，我们决定要从大自然创造出建筑。我们设计了一栋可以操控风景、但又不对其添加任何元素的房屋；一栋与周围环境共生的房屋；一栋赞颂美景、却又能保护自己免于被观赏的房屋。

房屋坐落于风景如此秀丽的地点，周围却又有如此多种不同的建筑形态一起出现，其实存在着某种矛盾。光是我们第一栋房屋的周边，就有七位邻居。我们的应对方式就是要建造一栋内省而非外向的房屋—— 一幢天井住宅。我们一开始将它当作是一个用墙围绕出来的甜甜圈；接着，我们将基地的斜坡做出简单的变化，使其中有部分隆起而能眺望美丽的景色。同时，我们也决定要将这个“甜甜圈”直接嵌入风景里，以抹除建筑体量的存在形式。我们将基地以空间主义大师封塔纳(Lucio Fontana）的方式加以切割，最后创造出一个大自然与建筑的混和体，而且是幢内省与外向兼具的房屋。

建筑设计 JDS Team | Julien De Smedt & Andrew Griffin
Alexandra Kiszkielis, Alexandros Geroussis, Andrew Corrigan, Filip Lipinski, Felix Luong, Francisco Villeda, Gunnar Hoss, Heechan Park, Isik Keskinler, Jordi Lopez, Kristoffer Harling, Kazuma Toda, Liz Kelsey, Martin Van De Beek, Ruben Rendon, Ruxandra Stroe, Reid Lesley, Wouter Dons
本土建筑合作 龚书章 | 原相联合建筑师事务所

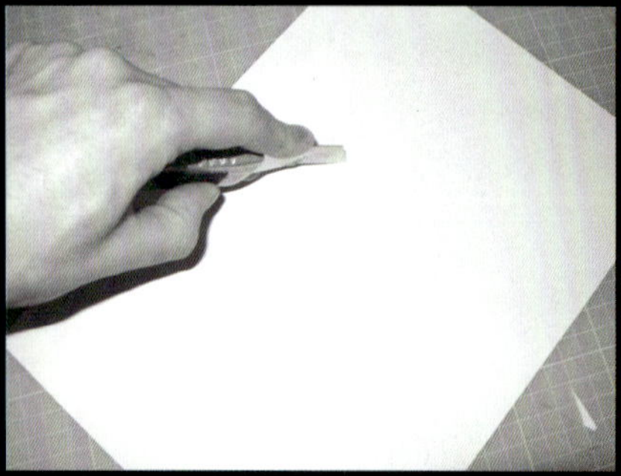

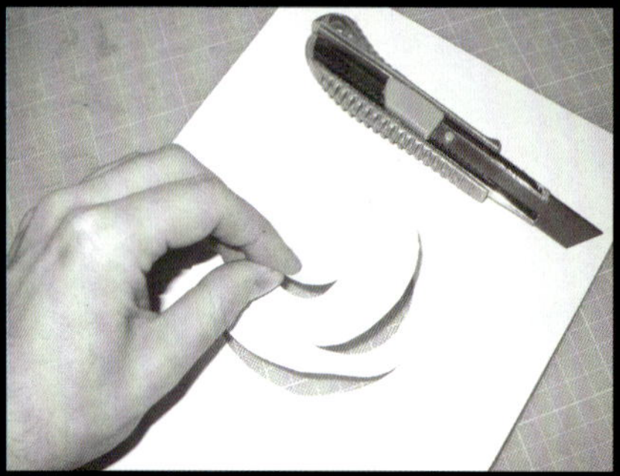

平面图 Plan

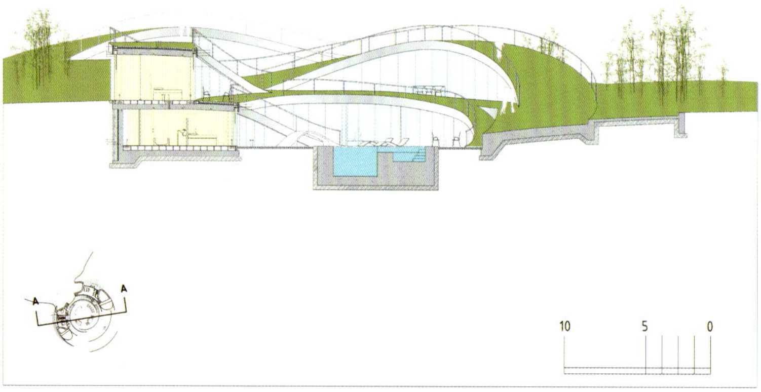

剖面图 Section

模型　Model

【Zone 17】

场地平面图　Site plan

黄声远/Sheng-Yuan Huang

季风之村
Monsoon Village

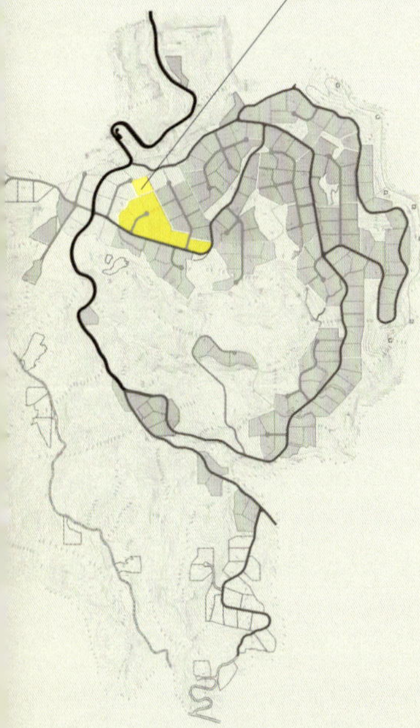

建筑设计 黄声远 | 田中央工作群 FIELD-OFFICE
设计团队 白宗弘、刘崇圣、郭信辉、黄天佐、许智乔、陈怡真、Chao-Hsien Yeh
结构顾问 胡裕辉结构技师事务所

基地面积 2793 m²
建筑面积 272 m²
总建筑面积 646 m²

【house 18】

离开了六十多公里外的台北城市生活，回到我们在澳底的新家，尺度小小的、有亲切感，只有两层，还分成两小栋，却朴实地向懂得季风的东北角民居学习。看似独特的空间却都有相似的另一组，祖孙、夫妻、朋友都能享有相同的幸福。

生长 The Growth

家是一个大家共同成长的地方，而形貌自然也随着成员一起成长，并在生活中认真地体验和思考；同时，这种体验和思考都随着时间和自省而能得到提炼。所以说，一个居家的空间将是个永远未完成的有机体，而其中的每一个改变都应该是基于生活在其中的成员的。因此，具有弹性的隔间和可调动的空间与配置，将会随着家人的需要而增减和改变。房子的生命历程，也会呈现出家人的生活与想法。

空间特质

1. 楼上稳定——砂岩砌起来的卧室，像邻近渔村熟悉的民居；厚实的体量在一片田园里，只是被抬升到二楼。这两个在天上的温馨小石屋，有着木头的屋架和屋面，但是经过改良；面对东北角的特殊气候，外墙双层化，减少混凝土，冬暖夏凉，而且不潮湿。

2. 楼下流动——地面层的室内空间经由四周绵延的石墙由内四向贯穿到户外坡地与菜园，可以导风、调节温度，与邻居共享天地岁月……保护了耕作，再伸回房内；现代轻巧的玻璃、木窗和很深的出檐，共同遮挡了多雨的气候；客厅餐厅有着四通八达的舒畅，光亮的中庭，半户外的"后尾间"与厨房构成操作家务的中心，妈妈在厨房可以招呼全家和朋友。也喜欢那个大小正好、多功能的起居室，兼具多种功用。全家祖孙三代有时能共享天伦，却也能保有自己生活的部分。

3. 整体会呼吸的空间——分享是季风之家的主题，不只是楼上楼下的一家人，还有邻居。多功能的半户外空间可以停汽车、摩托车，可以请客、挂吊床、乘凉、洗菜、遮阳。大浴室独立通风，来这里洗菜、洗澡也都在大石头旁，享受天光。

记忆 The Memory

对家的经验必然包含的两部分：创作和历史。也就是说，家应该延续着我们种种的记忆，例如合院、小尺度木制窗台……并在新的时空背景中寻找出一种得当的存在；如此才能在成长的过程中不致因为与记忆间的断裂，而产生了疏离感。

在东北角，我们熟悉的景观：山丘、海岸线和零星散布的菜园、防风林、小村庄、石墙……，这个由防风林、石墙与菜园形成的居住单元，将会在这块土地上形成一个新的聚落，而这个聚落所要述说的故事，是一个曾经属于中国台湾东北角的故事。

大地 The Land

竹围和彼此互相延伸连接的植物系统，适度阻挡了东北季风。虫鸣蛙叫声中，面对竹林，生个火，看看雨滴。有菜园、有果树，每天吃自己种的东西；每户人家都有着四种不同个性的院落，户与户之间，院落又有共享的机会，运用缓坡还有灌溉用的水道或可做雨水回收利用的水池。

天空 The Sky

我们的天空，有季风、有雨水、有阳光。季风、雨水和阳光这些气候因素，对住家生活的影响是双面的：一方面可能会危及人们生命财产的安全，或造成一些生活上的不便；另一方面则又是我们生存的基本所需、提供了生活中的诗意感受。

这里虽然每个房间都不大，但是三面通风采光，日出日落，各有千秋。简单的木窗，却也有可以抵抗台风的防台风窗系统。发展传统民居的防台风闸、泄水宽天沟，和可舒解小风雨的开口出檐，而双层石墙系统和深出挑的板，则可以调节微气候温度。

黄声远 Sheng-Yuan Huang | **季风之村** Monsoon Village |

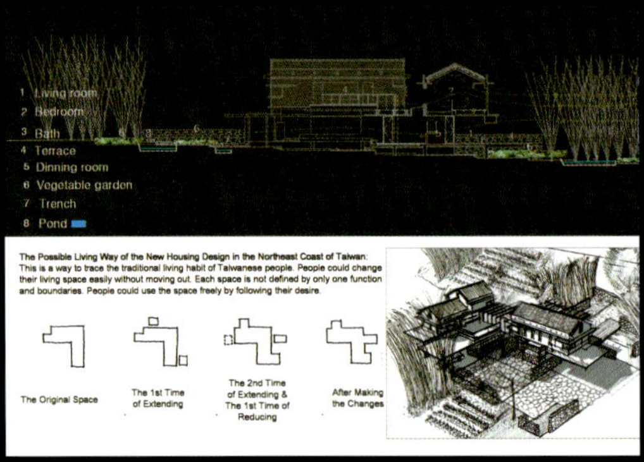

图解　Diagram

速写　Sketch

The Possible Living Way of the New Housing Design in the Northeast Coast of Taiwan, China: This is a way to trace the traditional living habit of Chinese Taiwan people. People could change their living space easily without moving out. Each space is not defined by only one function and boundaries. People could use the space freely by following their desire.

黄声远 Sheng-Yuan Huang | **季风之村** Monsoon Village

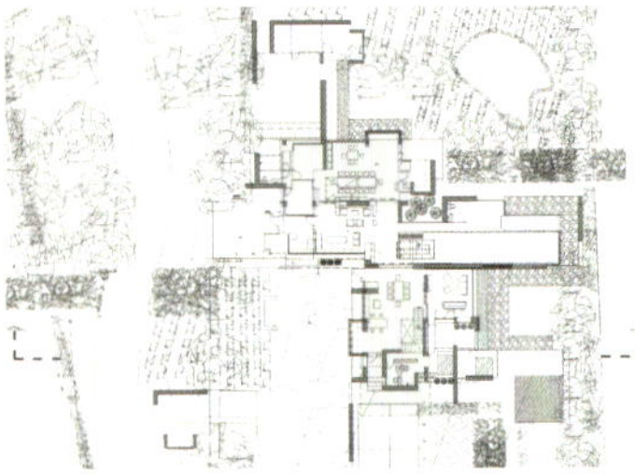

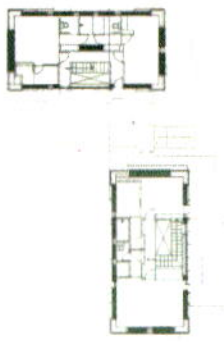

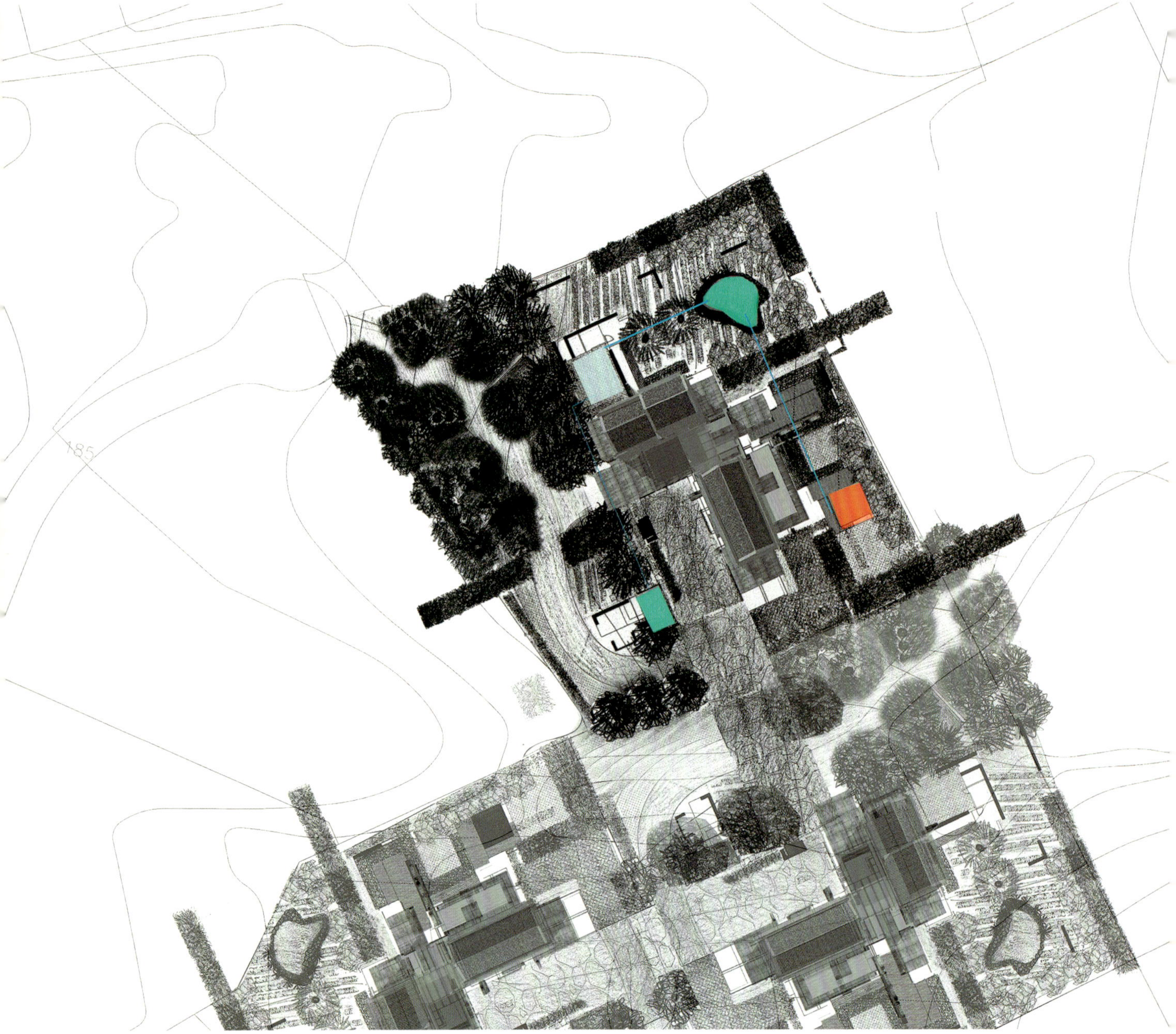

场地平面图　Site plan

效果图 Rendering

效果图 Rendering

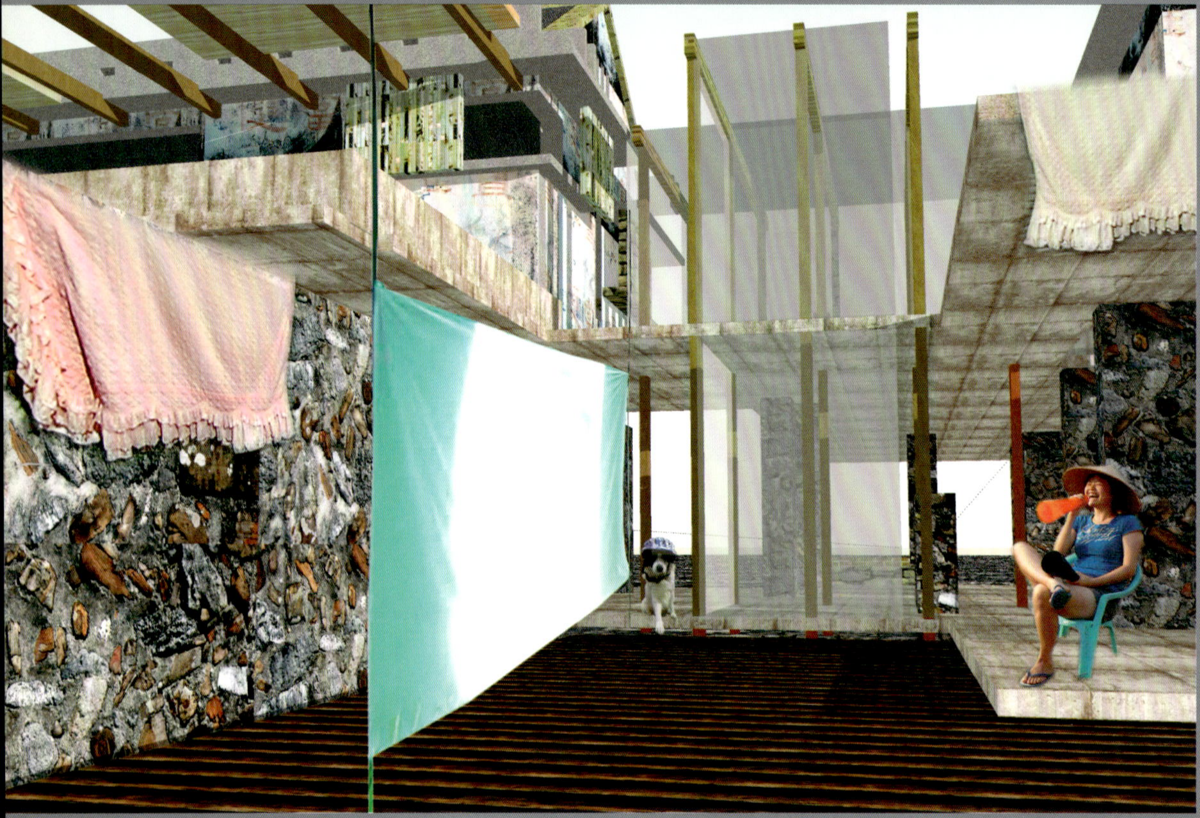

【Zone 18】

场地平面图　Site plan

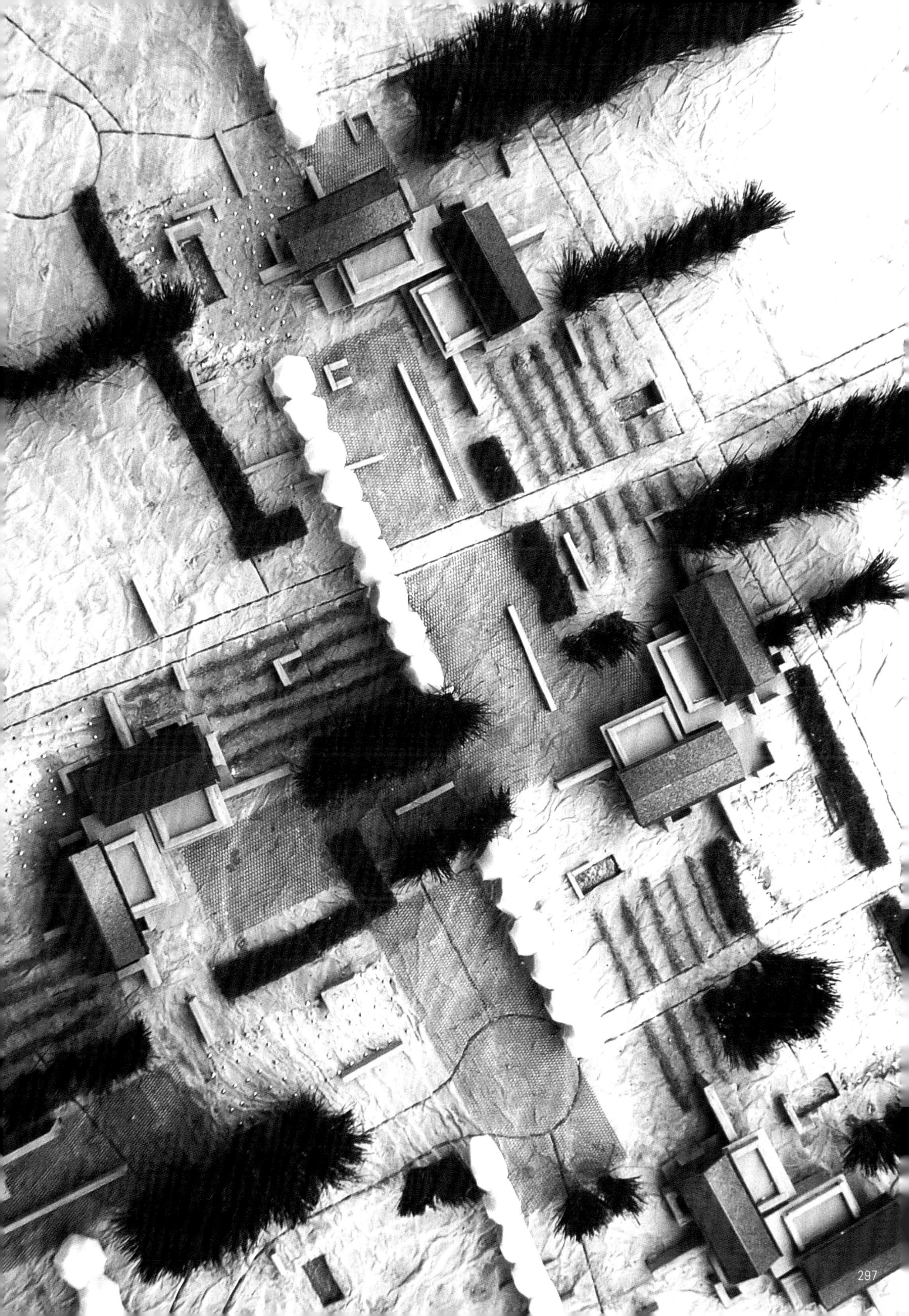

对话 10/10

GRAFT

简学义 Hsueh-Yi Chien

GRAFT·简学义 Hsueh-Yi Chien

GRAFT・简学义 Hsueh-Yi Chien

刘育东（以下简称刘）——想先请教Hoheisel，不论在欧洲、中国北京，或是其他地方，您观察到当今建筑发展的关键议题是什么？

Gregor hoheisel（GRAFT主持建筑师之一，以下简称GRAFT）——我在德国以及全球各地的建筑事务所，观察到一个重要的趋势是，建筑已经变得极度国际化。仅仅几年以前，还只有少数公司有能力进行跨国建筑设计，但是现下就连一些较小型的事务所，也纷纷跃上国际舞台；我想，印度将有可能变成下一个全球建筑师蜂拥而至的热点。

在这里，我们把基因传给了建筑，让各自的基因在这片山坡地上散布。……当学生来到这块土地上，看到他们喜欢的建筑方向，这些基因自然会继续传播下去。

—— Gregor Hoheisel / GRAFT

这种全球化的现象，提供的不只是更多工作的机会以及文化交流的可能性。我们可以看到，现今全球各地的人，突然都同样会拥有宜家家具（IKEA）等，共享类似的生活经验。这会成为一种新的问题：我们开始失去身份认同、失去地方意识，因此我们面对的新议题，是要创造出一种建筑物体（architecture object），让人们除了可以居住其间之外，也能够创造出可以向人们倾诉故事的建筑，产生一种具有文化关联性的文本（cultural context），让建筑与人们再度产生一种连结。

刘——因此，在这样的预期之下，您心目中下一代的建筑，会朝向什么方向发展？

GRAFT——这次我们看到来自不同学派的不同建筑表现手法，包括比较传统的东方式思想，像是中国台湾的黄声远建筑师，采用相当乡土的建筑表现手法；或是来自丹麦的Julien De Smedt，发展出极为摩登的嵌入地层下沉式庭院（sunken plaza）住宅，代表着流行文化的一种趋势等等，都让我们在这个计划中，发现不同文化的特性，以及各种建筑的表现手法，这也会激发出相当有趣的交流与对话过程。

我想起在圣诞节时，我带着我那十五个月大的女儿去逛动物园；对我来说，这个澳底计划就像是另一座建筑的动物园那样迷人。你可以在动物园中看到狮子、斑马等不同的展示，让你了解动物的世界；同样的，在澳底计划中，你也可以看到来自世界各地的建筑师，展现各自独特的风貌。

刘——由于每个人的背景都不一样，让我们请问简学义建筑师，在您眼中观察到的当今关键建筑议题是什么？

简学义（以下简称简）——其实刚刚Hoheisel讲得很好，所谓"全球化下的本土化"议题，我觉得是我们必须相当重视的。

我昨天刚刚输掉一个设计竞赛，它是苗栗客家文化中心的设计方案，这件设计不只是公共建筑，也带有亚洲文化的特殊性在里头。这让我可以回溯到刚刚"全球化下的本土化"的议题，即使是像国际大师扎哈・哈迪德（Zaha Hadid）的团队，在执行亚洲的案例时，也不一定能够诠释本土的议题；不过反过来说，这也并不表示，本土建筑师就一定能掌握住本土的命题。

在国际化的潮流下，建筑绝对不应该变成一种保护主义。中国台湾这三年连续举办了几次大型的国际建筑设计竞赛，我三年都代表中国台湾进入最后决选，但连续三年都落败，中国台湾建筑师在国际公开竞赛中，也从没拿到过一等奖。这是应该被思考的问题，是否中国台湾的建筑师还没有达到国际水准可以对外竞争？中国台湾也似乎在国际化都市的竞争中，缺少了一个成熟进化的阶段，这往往是我们会忽略的思考点。

反观北京的状态，因为举办奥运而新型建筑群起在这么短的时间内，国际建筑不断进驻，也许会在短时间内产生刺激，但能否变成本土建筑成长的动力，我个人也抱持怀疑的态度。我想起我曾参与的“长城脚下的公社”建筑方案，当这个计划刚推出时，也曾进行过一次类似的访问，当时我也表示了同样的意见。

我认为建筑本身就是一种非常深层的文化，不能完全靠外来的力量。不过，我这样说并个是要反对澳底这个计划（笑），我想一个地方如果要在建筑上有所成长，还是需要经过反思本身文化的一种过程。

这就好像一个流行品牌一样，国际级的大牌子只能代表一种全球现象。当每座城市都有自己的城市行销内容，那么借由知名的建筑品牌来进行，看起来似乎是有效的方式，不过我个人倒不这么认为。这个现象从西班牙的毕尔巴鄂开始发酵，好像大家都觉得应该要这样（大量引进外来建筑师）去进行建筑设计、用这样的方式来行销城市，才会有所助益，但我个人认为这是种炒短线的做法，也是值得我们思考的方面。

刘——既然提到毕尔巴鄂，那么Hoheisel，您怎么看毕尔巴鄂现象？

GRAFT——规划一座城市的策略是非常重要的，关于城市里头本土性格与国际性格的建筑，就像我刚刚提到的宜家家具行销全球的风潮一样。我看当代建筑的表现时，常常会观察该种建筑类型有没有本土的做法可供参考。可是在中国，以往并没有高楼大厦与大型体育场的传统前例可循，所以没有任何可供参考的模式存在，而中国也不太可能再走回头路。

在国际化的风潮下，该如何去延续传统的发展？我想，并不是我对国际化特别乐观，也不是我刻意去推销国际化，我只是觉得国际化已经成为事实，我们也没办法回头。

所以，我的看法是，适逢成长的能量上升之时，本土化或是城市的特性便会随着时代的发展而进行修正，而不是经由本土化的建筑传统来塑造。以现在来说，中东的迪拜，它从2000年左右，开始快速成长为世界级的大都会，但是它的成长会慢慢减缓，反观也许二十年后，最蓬勃发展的大都会将可能是印度某些不知名的城市也说不定。

因此，我认为“时代”会是建筑与城市发展非常重要的参考指标，建筑的成长有赖当时科技的发展以及建筑风格而定。

另外，我想提一下韩国的首尔，他们在20世纪八九十年代左右兴起，有自己独特的风格，对于几何、立方体的感受格外敏锐。所以，我想不论是韩国或者亚洲其他地方，都会对于质感、建筑材料非常重视，因此我们可以说，虽然发展建筑的“时代”很重要，我们还是可以找到一些受到本土文化影响的线索。

刘——那么，简学义建筑师，您预期下一代的建筑会怎么走？

简——关于本土化，我们刚刚描述的现象，似乎都是在资本主义的发展脉络下来讨论，相对来说，更为普罗平民的建筑涵义，则比较少去关注到。我个人其实比较希望能够从事较为平民的住宅建筑，而不是只去服务资本主义下的商业性建筑。

当下的公共建筑，常被当作城市行销的一种策

略，而不是真正聚焦在公共建筑的内涵上。相对于国际化，所谓深刻的本土化，应该是全面去关照居住环境，而不只是关注某些点。

有些都会型的城市行销策略，可以算得上是锦上添花。我们刚刚提到了首尔热潮，那么我想回溯一下日本的建筑现象，早在当年丹下健三、伊东丰雄这群年轻建筑师还没有兴起之前，他们就已经在西方的影响下进行新的尝试；当时的丹下健三就好像是东方的柯布西耶，作品里头有很多西方的影子。

刚刚提到的中国大陆，尽管没有摩天高楼的建筑经验，但我认为这不是一种建筑类型的问题。日本建筑在慢慢的自我发展与成长中，找到了现代化与自己本身文化的一个很好的平衡点。我们看到如今的安藤忠雄、伊东丰雄也都变成一种国际的潮流，可是他们都是受到自己文化很深的影响，自然流露在他们对于建筑的创作里头。

谈建筑文化，另一个必定要谈到的就是"人"——建筑师作为一种文化人与创作者，这些"人"的创作或作为，就是文化的一部分。我的意思是说，看待文化之时，不应该只是因为科技上的短期落差，就想要期待只靠外来输入的技术或经验，去成就真正成熟的成长。

GRAFT——我所说的，并不是指中国大陆没有摩天大楼，而是在历史上，中国并没有摩天大楼这种建筑形式的惯例，因而去质疑这是否能算一种当地化的方式。

比方说，奥地利建筑大师阿道夫・路斯（Adolf Loos），曾为《芝加哥论坛报》设计竞赛提出了一幢由希腊古典列柱得到灵感的大楼设计，从这个例子看来，我并不能因此就说，这是希腊人树立了高层建筑的典范。另外一个例子是，看看在上海以竹枝为造型灵感的金茂大楼，负责设计的美国公司把当地文化的重要意象（icon）转译成一种建筑形式，而我也不能说，这就是本土化的一种过程。

日本建筑师的作品，现在全球各地都可以看得到。其实不只是明星建筑师崛起，借由现代的网络等通讯科技之助，即使是小型的事务所，也可以在全球各地承接项目。

每个人都有自己独特的文化背景，我是德国人，有着德国的基因，因此我自然也会把它散发出来，注入我在澳洲、中国、马来西亚等地的设计方案当中，同时也试着将当地文化融入到我们的设计当中，这种基因散播的现象会愈来愈快。

我认为每个地方的文化特质都很重要，我也很希望这些不同文化之间的差异可以继续存在，并且也会去鼓励这些当地的文化特质继续保存下来，所以尽可能将之融入我们的设计当中。

简——刚刚讲到注入基因这件事，如果本土的基因不够强，马上就会被取代（笑）；就像日本也是因为这几年基因够强，才能够对外输出设计，德国当然更不用说（笑）。

我认为这样的现象，其实不应该视为普遍的状况，只能看作是一种明星、名牌的兴起。每个地方都必须要有个性，而不是只靠着一种传统符号，就不至于太过肤浅。日本是个很好的例子，也许他们在早期的发展未必成熟，但这是一种文化的性格，能够在对外输出基因时还不露痕迹，这是很困难的。

当文化已经内化成基因的一部分，文化可以因此而在异地被欣赏。不过就算如此，这也不会成为普遍的事情，每个地方一定都会有自己发展出来的文化。今天我们在国际化潮流下寻找的一种"多元化"，那指的到底是什么？很值得去探究。

刘——我们开始聚焦来谈谈澳底这个计划，不论

是中国大陆说的群体设计，或是中国台湾说的集体创作，当您接到这个计划的邀约时，心里想的是什么？

GRAFT——这样的机会可以把它视为一种建筑博览会，或是刚刚讲的动物园（笑），甚至是一种建筑派对。参加 party 是件好事，但派对总不能每大都办，不能当作一种普遍发生的常态，因此我觉得澳底计划这样广邀各方创作的建筑项目，是一件很特殊的事情。

刘——GRAFT 有很多不同的生活背景，Hoheisel 您本身来自德国，而你们在洛杉矶、柏林、北京都设有分公司，您自己现在长驻北京，又娶了北京的妻子，在我们邀请您以德国人的角度来到中国台湾进行集体创作时，您心里在想的是什么事情？

GRAFT——我记得刘育东教授走进我的院子，我还想着这个人到底是谁，竟然邀我去参加这个很棒的“派对”？（笑）到现在我都还不知道该如何面对这样的盛会，心里依然觉得受宠若惊。对我们事务所来说，这是继美国新奥尔良之后的第二个动物园派对，在集体创作的过程中，我们当然也要拿出我们的宝贝作品。

不过，这次获邀来中国台湾，在这个很棒的自然环境中进行设计，我们刚开始并不知道我们的邻居建筑师是谁，因此只能依赖自己的诠释。

澳底这个案例似乎跟“白院住宅”这个历史上有名的集体创作有点雷同，不过我认为还是有些差别。白院住宅的意图非常清楚，建筑师们会集合起来一起讨论，大家有共同的方向，是想要表达现代建筑的一种运动。澳底计划则比较像是博览会般的“动物园现象”，期待建筑师提出各自的设计风格，而不是像白院住宅那样，让设计师关在一个房间里，共同讨论出这个社区会有何种定位等等。

刘——那么，当您第一次看到澳底这个基地，心里的感觉是什么？

GRAFT——虽然过去五年来我都在北京，但奇怪的是，澳底这个基地让我仿佛回到家一样。因为我来自德国北部的海边，同样也是又冷又湿，因此这个回家的感觉是个很好的经验。中国台湾东北海岸的海浪拍打声、著名的岩石地形等等，我觉得都是可以运用的设计元素，这也是我一看到基地时马上就想到的。

> 我认为建筑本身就是一种非常深层的文化，不能完全靠外来的力量。……我想，一个地方如果要在建筑上有所成长，还是需要经过反思本身文化的一种过程。
>
> ——简学义

刘——那么简学义建筑师首次看到澳底这个基地时，如何解读这个基地与这样的集体创作计划？

简——每当看到还没有被人为破坏介入的环境，我心里就会想：中国台湾还有这么漂亮的地方！我们还半开玩笑说，不应该在上面盖建筑的（笑）。我们每位建筑师得要照顾好自己这一块基地，感觉也的确好像是被邀请进橱窗准备展示的动物（笑）。不过我想，即使要把这个活动变成一种建筑博览会，也还是得考虑一些事情。

我举北京“长城脚下的公社”来说，那个项目里头的建筑师之间没有对话，只是把房子做出来。它看起来还好，是因为长城周边自然环境的力量以及建筑之间的密度，维持着一定的缓冲。假如这是

一场博览会，议题与议题中间的缓冲设计是非常重要的，如何串连整个公共空间的关系，尤其在“万国博览会”这一区，每个区块之间都是紧邻的，还没有边界隔开。

因此我在想，也许应该要有自然的绿带，让分区（zoning）更为清楚，动物园里头的“动物们”（建筑）也才不会打架（笑），参观的节奏也才会被关照到。

刘——您刚刚提到的方面，恰好带出了我的下一个问题。请问您的设计如何回应“下一代基因 Next-Gene”这个主题或是集体创作的方式？

GRAFT——这次的集体创作，是让我们这二十位建筑师用自己的方式去设计；其实也别无其他的方式可以进行。我们都把自己的基因注入到设计当中，这种工作方式也反映了世界各地建筑师的工作方式。当这个计划完成之时，我们各自的基因就会在这片山坡地上散布，风一吹来，谁的基因够强，谁的基因就能存留下来继续散布。

简——不可避免地，谈建筑就得要谈到内在基因，也有基因如何与大地适应共存等问题；当建筑落在基地之上，也会与基地产生对话的关系，这就得看看我们如何让建筑的基因可以“着床”。

GRAFT——有些状况是我们不能控制的，就像我们将基因传给了下一代；在这里，我们则是把基因传给了建筑。我刚刚提到了风，谈到风如何散布基因的问题。其实风就是建筑的学分，当学生来到这块土地上，看到他们喜欢的建筑方向，这些基因自然会继续传播下去。

刘——这次的设计，跟您以前的设计有什么最大的不同？

简——我个人并没有意图主动去进行改变或是颠覆自己，不管怎样，我的建筑还是表现在构造与结构上，每次我都会寻找新的结构表现，不论是近期的台南历史博物馆或是苗栗客家文化中心等设计方案。这一次，我也在这个项目里采用了一种我还不曾用过的管状结构，去解决建筑上的问题。

刘——那么 GRAFT 这次的作品，有没有什么跟以前不一样的？

GRAFT——我们没有任何过去的作品是与澳底这个住宅创作相似的，你也可以说这次一点都不像我们以前的作品。不过，这次的澳底住宅反映了我们想要将景观与建筑设计结合起来的尝试，所以你可以看到，建筑好像是环境的一部分，仿佛像是自然成长出来的，具有流动、动态的特质，让观者感觉到似曾相识，好像在哪里看过似的。

这种方式反映了我们一直以来所思考的议题，只是我们这次用比较清楚的概念表达出来。这里头可以分成三个层次：第一是地下比较隐密的基地部分，中间层则是幢玻璃屋，上面则有另外一个物体；这比起我们以前的作品，个性要更加强烈。从前 GRAFT 做的多是合体、一体的东西，这次的分界点就比较清楚了。

刘——不论这次我们建筑与建筑之间的分界线是不是处理得很远，澳底基地上还是会有“邻居”，您的设计会如何与“邻居”产生对话？

GRAFT——我并不知道我的“邻居”是谁，因此无法想像，也无法预期任何的状况。不过我们比较幸运的是，我们只有两个“邻居”，其他的就是大自然，因此我们的设计需要去反映山丘环境的特质。此次我们规划的建筑，有一部分曝露在外，另一部分则是较为安全、隐密的嵌入地下空间，保留给家居使用。

简——有件事情可能反映了我的想法，因为我到现在，都还不知道我的邻居是谁（笑）。即使知道了，我们也还没进行讨论或对话。另外一个状况是，就算知道“邻居”建筑师是谁，可能也会因为对方想要有所突破而做出跟以往相当不同的设计，因此让整个状况难以预料。

所以，知道邻居是谁，是否能在对话方面有所帮助，也并不可知。我们惟一可以掌握的，就是让漂亮的建筑与自然环境出现，这就是件好事。

我不知道我们这一次关于group design的定义，而澳底计划最后会以什么样的模式整合起来，目前也还不知道；最后整合整个group design的，我想应该是大自然。如果建筑能够成功地与基地进行很好的对话，也许我们的作品就能借由大自然将彼此串连起来。

我想到荷兰的一些集合住宅范例，虽然密度相当可观，group design的连动性也很高，结果却相当成功，这部分很值得我们思考。

刘——Group design这个名词的确很难去精确定义，因为它其实也并非建筑博物馆、建筑博览会或是建筑动物园。不过，让大家在宽松的创作范围内，在一个共同的基地上进行设计，同时间发表文件，不知道有没有让两位感受到较大的压力？还是反而激发出某种更大的创造力？

GRAFT——我觉得这个议题实在太有趣了，谈到group design这个名词，共同创造一个社区的可能性，我们今天才跟西班牙建筑师Fernando Menis稍微谈到。其实我也在思考着，谁有可能来整理或者组织建筑物之间的绿地？我开始去幻想未来的发展，是否有可能让某位建筑师先来做设计，然后另外一位建筑师再接下去……以此类推。

虽然这样的方式可能会花比较久的时间，但会形成一种有趣的骨牌效应，让建筑师比较能对环境做出反应、彼此对话。刚刚提到荷兰的例子，他们在方案执行时订有明确的共同指标与方向，对于高度、宽度、立面材质等等，都有规则可以遵守，但在澳底这个项目上，我们只有“颜色”等较松散的设计指标与方向。因此，如果有机会进行下下代基因（Next Next Gene）的计划，也许我们可以用不同的方式，来建立对话的可能性。

简——我是以平常心来看待，其实这个设计方案还没有参加设计竞赛来得紧张（笑）。不过，每个设计方案都必须面对创作的挑战，这个项目当然也是如此。

GRAFT——我们这二十组团队，都会有各自的压力，因为我们手中都只有一次的机会，就必须要交出最佳的设计。但即使压力大了一点，也很像是回到学校求学时那样彻夜画图的光景，再与其他建筑师一起秀出各自的设计。

这次的澳底计划的确是非常好玩的过程，我第一次来到中国台湾，就受到热情款待，即使在设计的时候无法进行对话，但以后你们把设计团队凝聚在台湾，大家一起吃早餐、晚上到酒吧喝两杯等等，甚至安排了像是这样的对谈，都是在进行所谓的对话。这是非常有趣的经验，我个人非常享受这种让受过建筑教育的人一起进行对话的过程。

贝霖 | 沐于甘霖的贝壳 |

Bei-Lin Shell under Copious Rain

【house 19】

嵌入景观中的僻静家庭休憩空间

拥有全景视野的开放式待客场所

抬高的保护壳尽显中式庭院生活的现代诠释

透过建筑与景观融为一体的螺旋形律动，三种垂直分层的不同体验相互交织、结合。

建筑入口与螺旋造型的中点相连，将人们带入全景式的起居室中；或者，让人们继续沿坡道式楼梯拾级而上，抵达上一楼层的卧室。楼梯结束处设有一个走廊式的空间和海景阳台，从这里，一条小径沿一东向的中央露台继续蜿蜒。所有卧室均可通往这个露台，就好似传统中式庭院的布局。

全景式的起居室有三个分区：休息区、加长的待客桌台、以及就餐区。所有区域均采用落地玻璃，并延伸到周边各露台。这些分区透过大型滑门带来愉悦的室外享受，同时又享有上一层宽大挑檐的遮阳效果。中央核心筒满足了结构强度的要求，并将厨房和卫生间设施围合起来。

在入口区，螺旋形的小径开枝散叶般地朝向下一层的家庭活动区蔓延而去。桑拿和洗浴设施设在核心筒内，可方便通往西面的温泉泳池。泳池设有 20 米长的练习泳道和抬高的温水浴缸。家庭活动室采用落地玻璃的正面，使这一区域开放融入下沉的庭院之中；这里，一座由本地石块和植被形成的土坡，遮挡了邻居的视线和大风天气。

设计选材强调了三个垂直层次上，各自体验的鲜明特征：微微反射出天空和景色的彩虹光泽金属表面的金属材料，制成能遮挡日光、风雨的流线型造型；全景式的中间楼层采用落地玻璃形；而建筑的底部楼层则采用天然石材（玄武火成岩或板岩），形成粗糙不平的建筑底座，使建筑牢牢立足于大地之上。

景观与建筑一起，生成了本设计总体的螺旋概念。在当地植物、回收木板、岩石和土壤等元素的烘托下，方案不着痕迹地融入周边环境之中，将建筑物衬托得有如一枚驻足于海床隆起处、有生命力的贝壳。

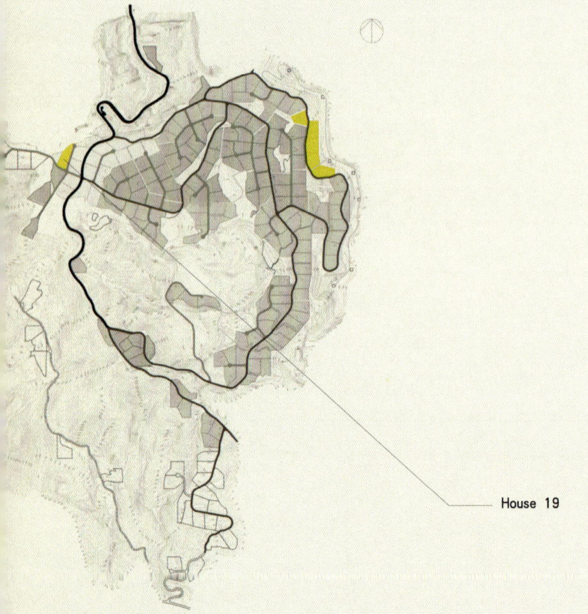

建筑设计 GRAFT
主持建筑师 Gregor Hoheisel, Lars Krückeberg, Alejandra Lillo, Wolfram Putz, Thomas Willemeit
专案经理 Ing-Tse Chen / 陈颖泽
专案团队 Francesco Cairoli、Ning Duo/朵宁、Mei Li/李梅、Qingxia Qin/覃清峡、Jing Ruan/阮竞、Eric Spencer、Dayong Sun/孙大勇、Fei Tang/唐菲、Tina Troester、Lin Wang/王林

本土建筑合作 古爵志建筑师事务所 | 主持建筑师：古爵志，合作主持建筑师：朱世康
结构技师 欣城工程顾问有限公司 | 黄鉴洲
机电技师 汉阙电机技师事务所 | 张志荣

GRAFT | **贝霖/沐于甘霖的贝壳 Bei-Lin**/Shell under Copious Rain |

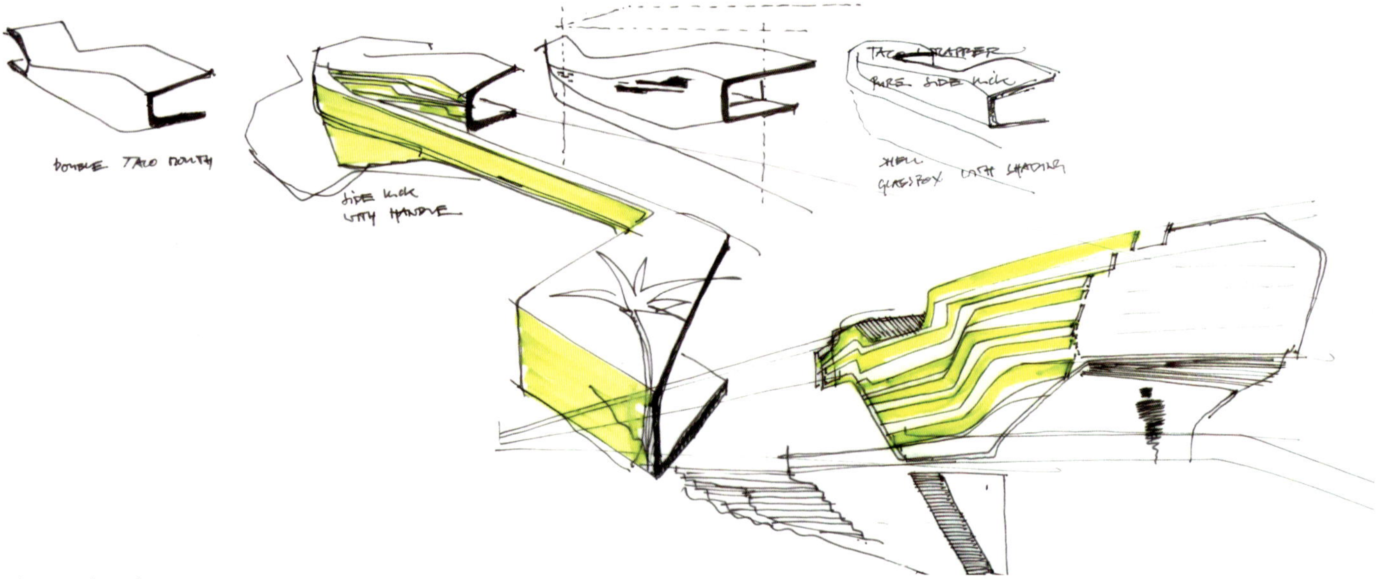

速写 Sketch

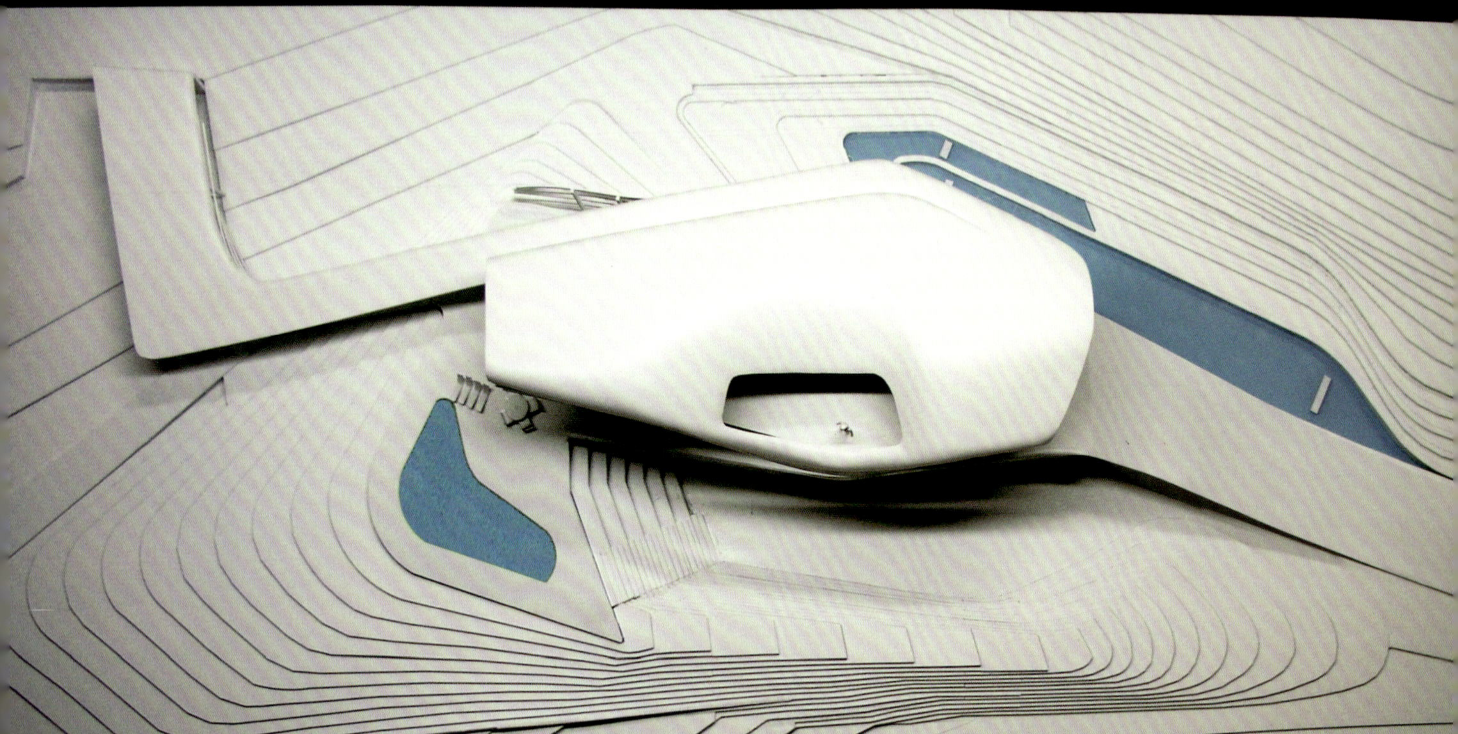

模型俯瞰 Top view model

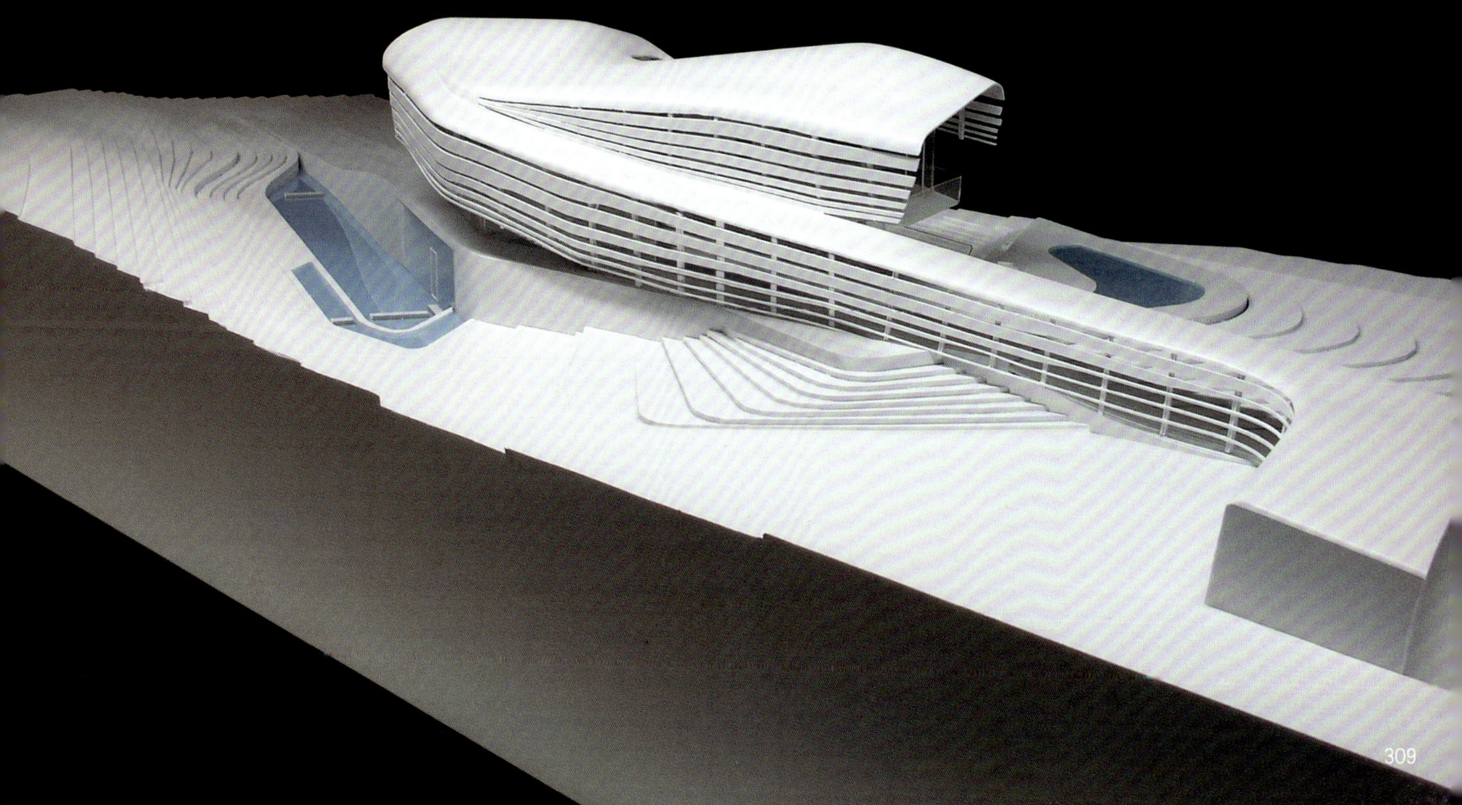

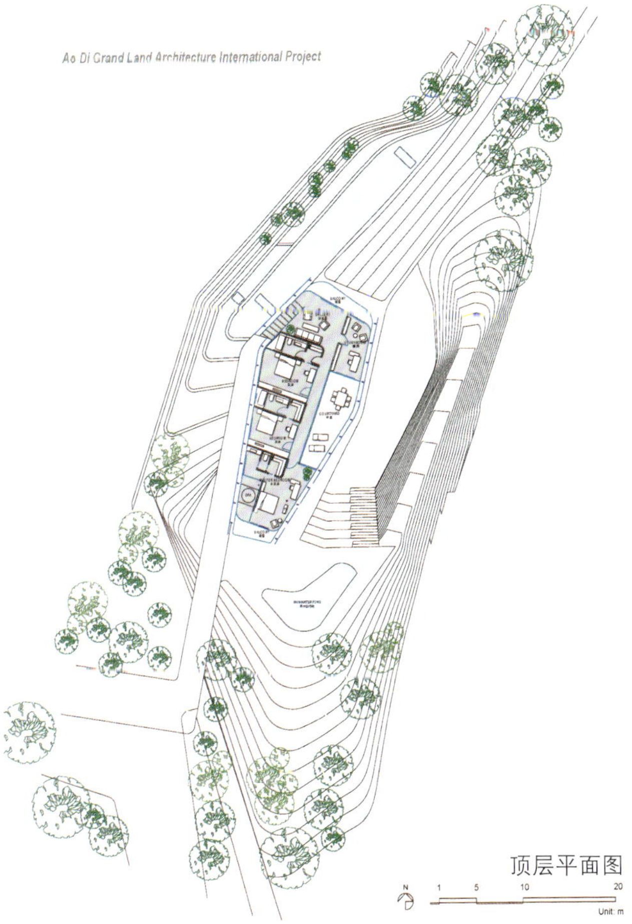
Ao Di Grand Land Architecture International Project
N
1
5
10
20
Unit: m

顶层平面图

室内 Interior

【Zone 19】

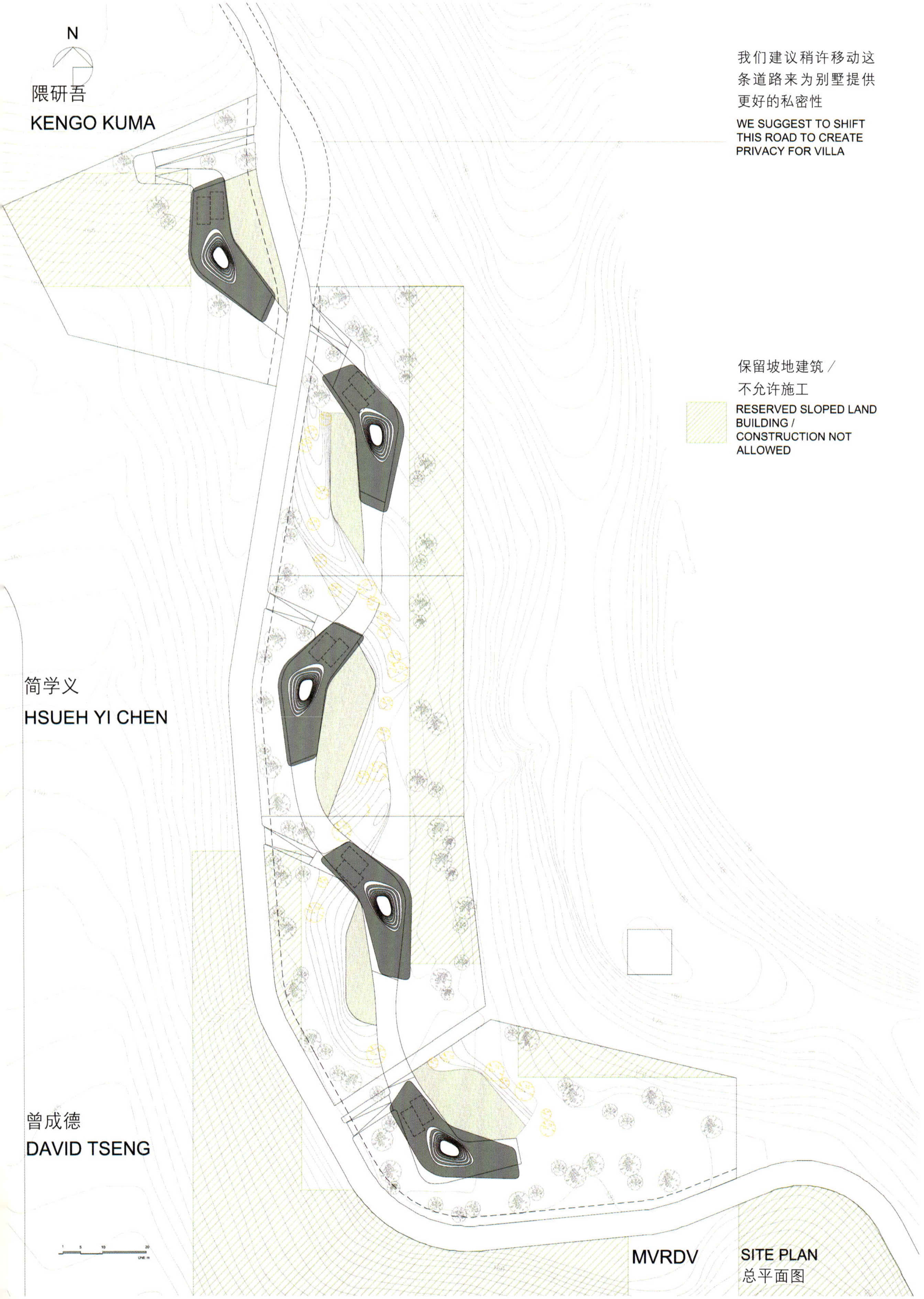

SITE PLAN
总平面图

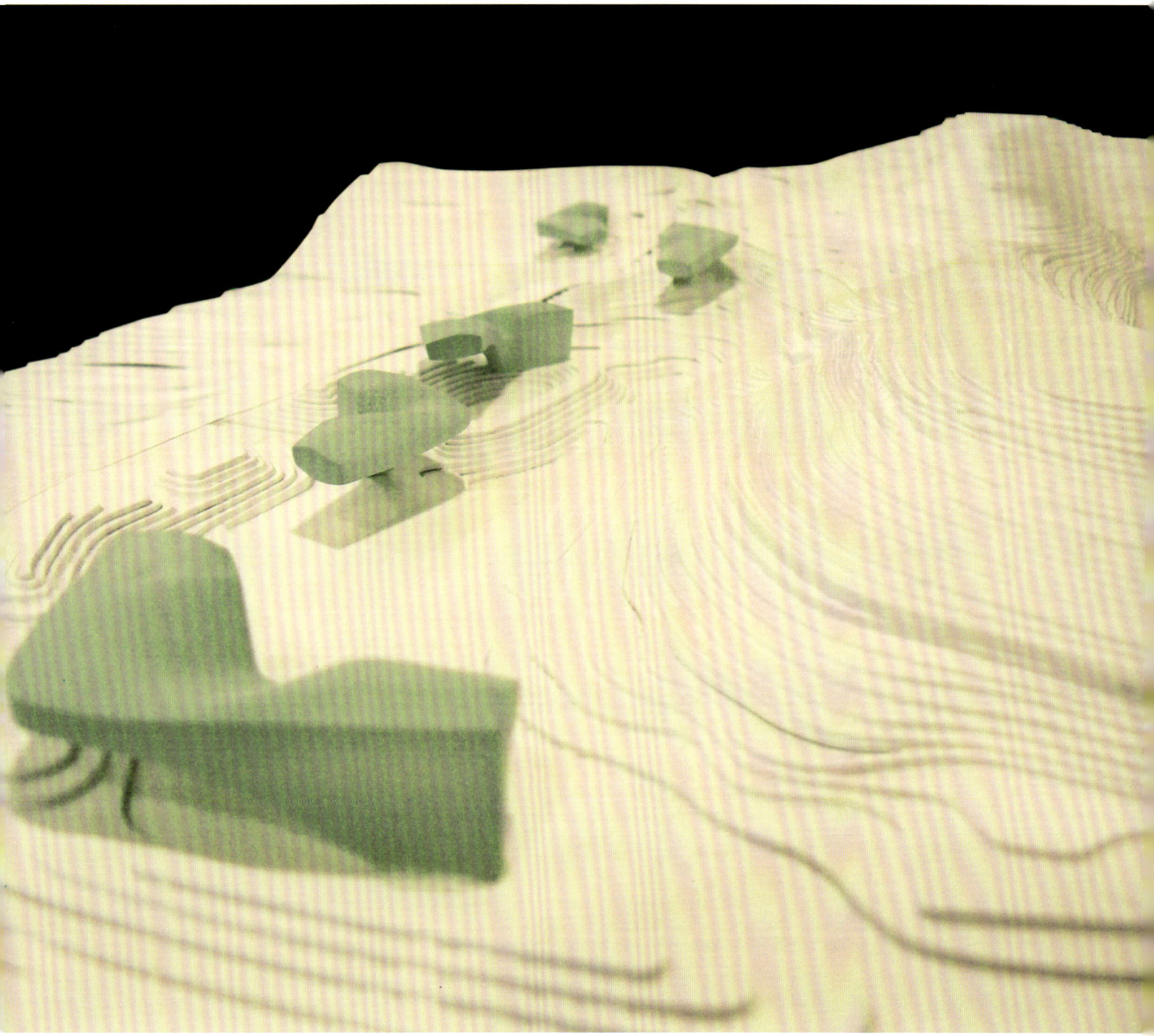

模型 Model

效果图 Rendering

简学义 / Hsueh-Yi Chien

染色体–H

混沌中的秩序·秩序中的混沌

Chromosome-H an order in chaos．chaos in the order

【house 20】

"Chromosome"（染色体）是存在于生物体内遗传信息的载体，像建筑一样隐藏着"自然"的信息与"人为"的心智。本案由碎化的三个管状体量组成的基本 H 范型，随着隐藏的不同信息，幻化各异的姿态。

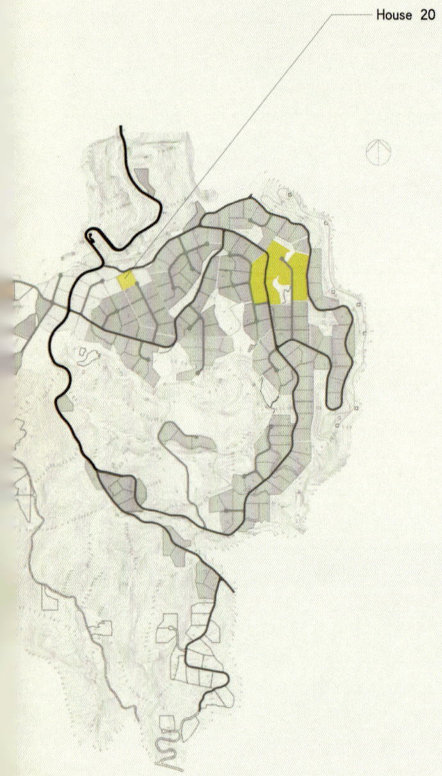

建筑设计 简学义
设计团队 简彰庆、洪士恭
细部设计 简彰庆、洪士恭
结构设计 筑远工程顾问有限公司

基地面积 2734 m^2
总建筑面积 650 m^2

简学义 Hsueh-Yi Chien

染色体–H/混沌中的秩序・秩序中的混沌
Chromosome-H/an order in chaos · chaos in the order

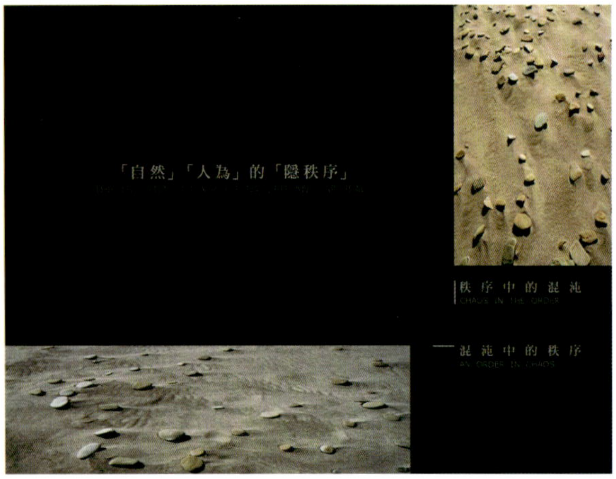

概念　Concept

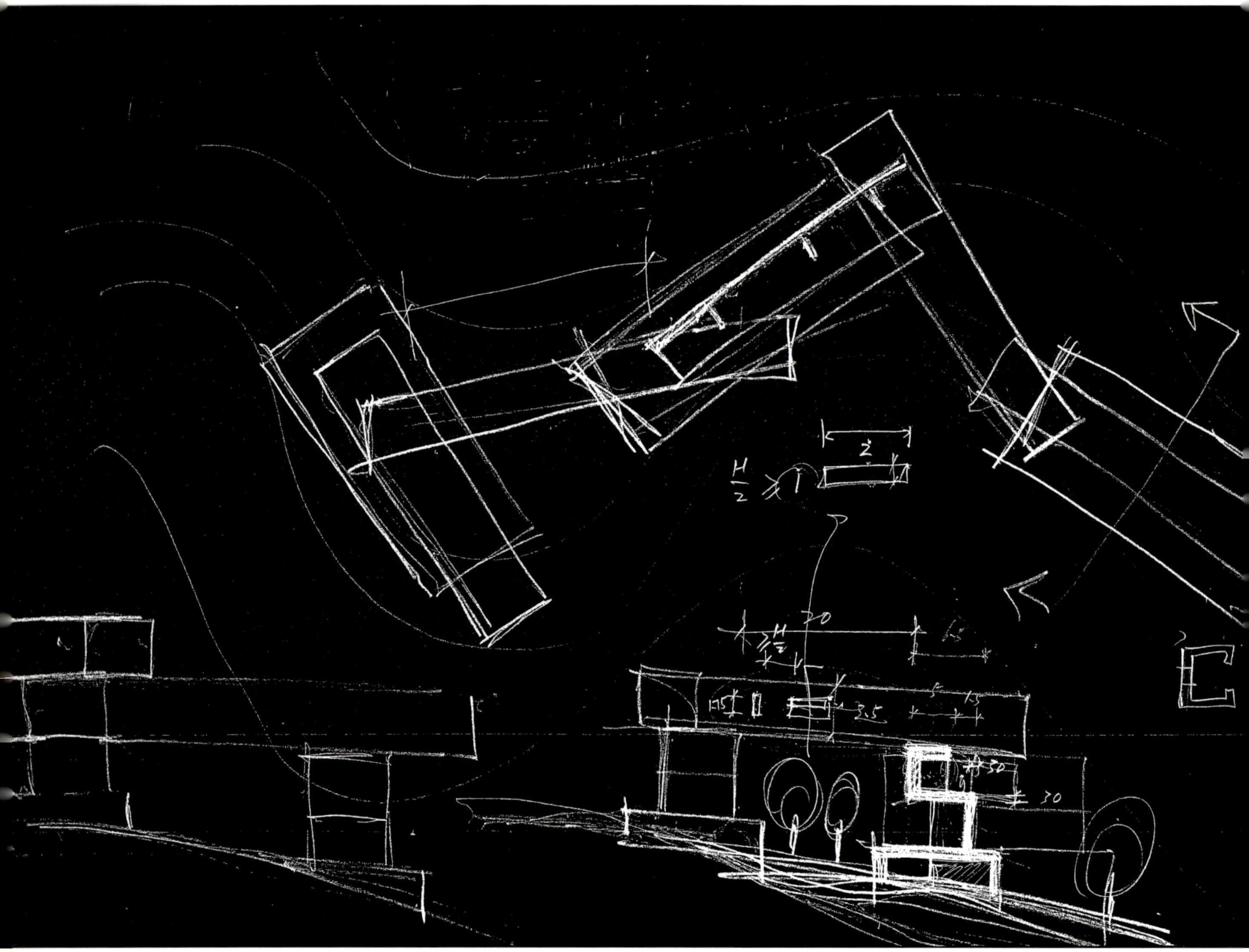

速写　Sketch

单侧的墙的深梁结构与悬挑楼板形成另一侧完全开放视野的空间

The deep beam structure and the cantilevered floor slab on one plane of the wall create an open space with unobstructed view on the other side.

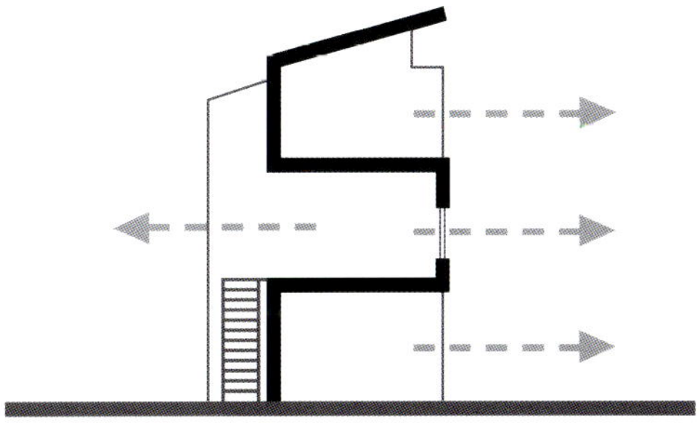

利用墙的深梁结构，以悬臂的出挑脱离山坡地形

Using the deep beam structure on the wall to cantilever from the hillside terrain

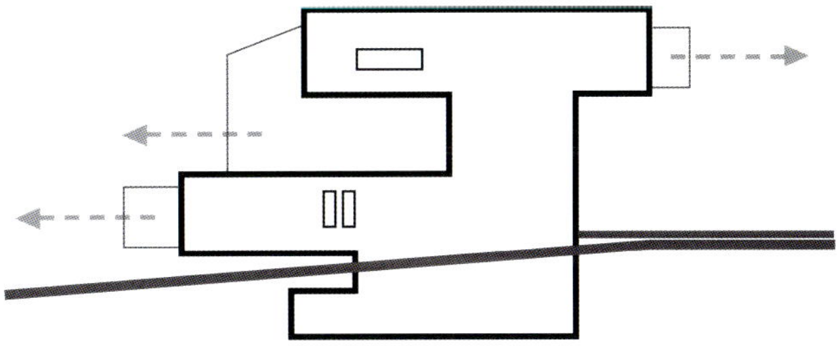

图解　Diagram

模型　Model

简学义 Hsueh-Yi Chien | 染色体–H/混沌中的秩序·秩序中的混沌

Chromosome-H/an order in chaos · chaos in the order

SITE PLAN

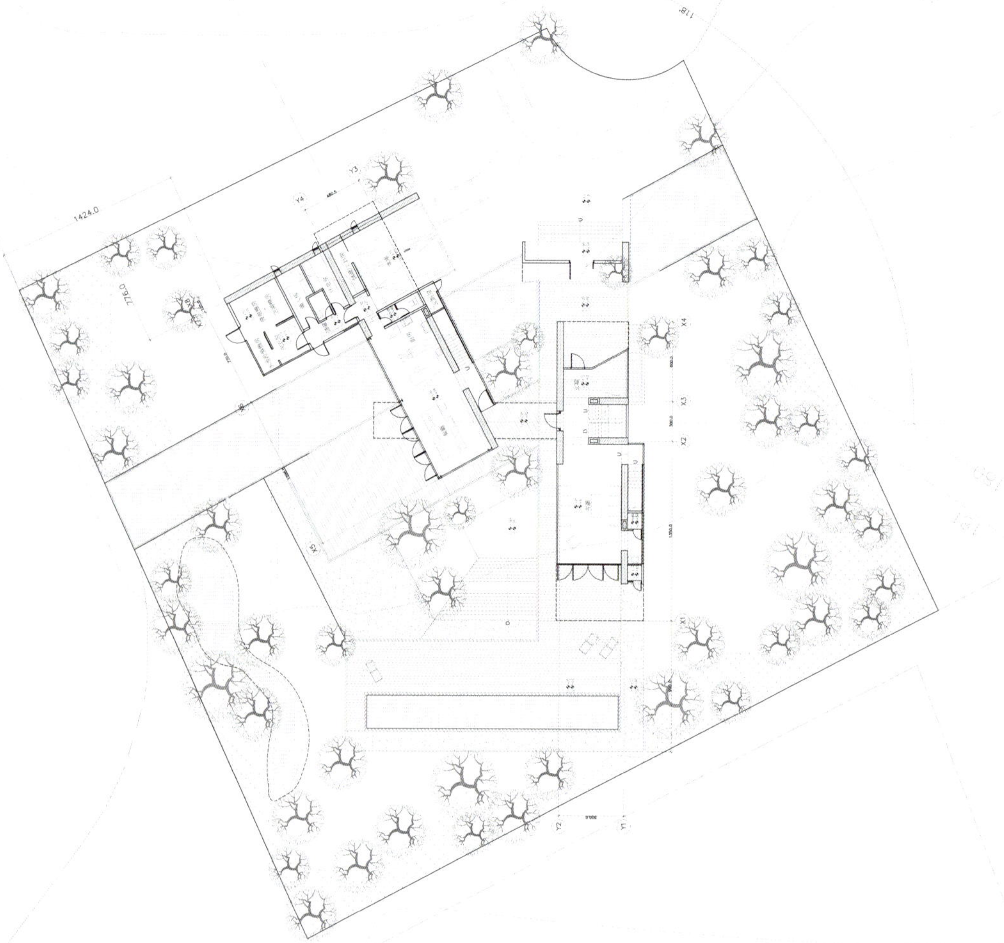

场地平面图 Site plan

室内 Interior

室内 Interior

室外　Exterior

简学义 Hsueh-Yi Chien

染色体–H/混沌中的秩序・秩序中的混沌
Chromosome-H/an order in chaos · chaos in the order

【Zone 20】

场地平面图　Site plan

简学义 Hsueh-Yi Chien

染色体–H/混沌中的秩序・秩序中的混沌
Chromosome-H/an order in chaos · chaos in the order

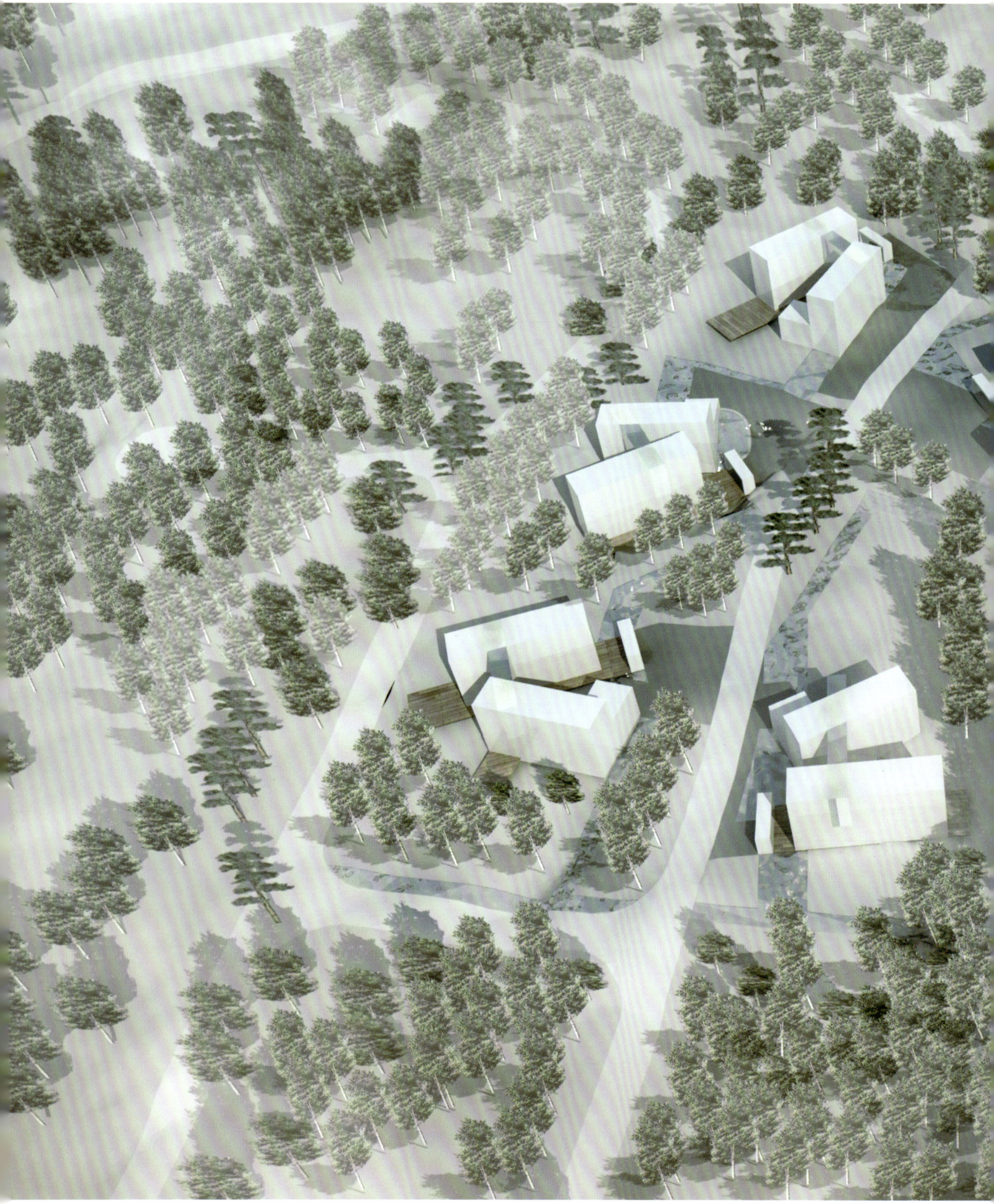

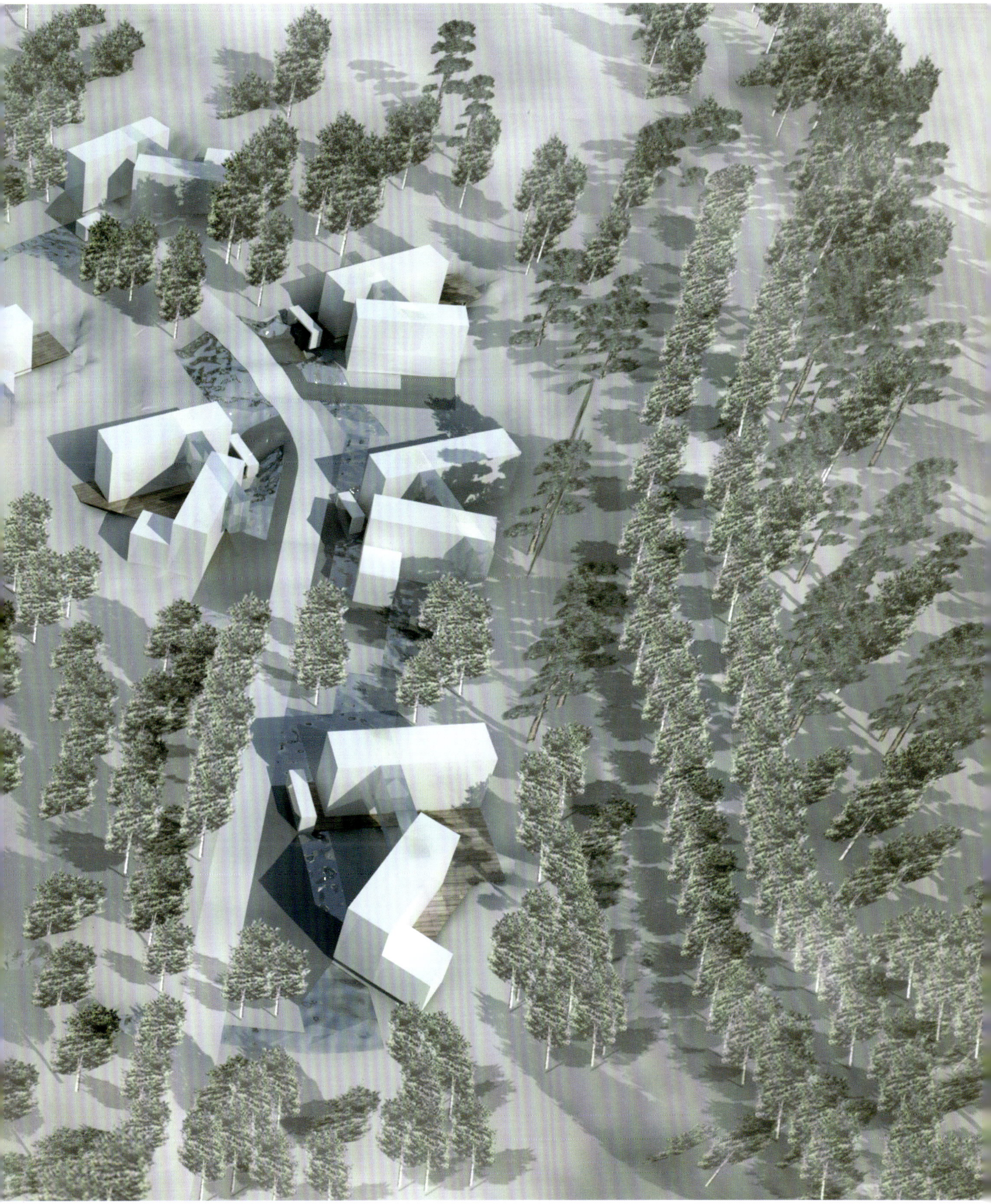

一天一国·五天五国

One Day One Country, Five Days Five Countries

王佳婉　Chia-Wan Wang

丰富的魔鬼闪电之旅

五天五国七个机场、一天换一个国家，Aleppo（育东）与台年计划了一个月不到就出发了。

在国际级建筑师陆续造访过中国台湾后，我们深知搏感情也是一番硬道理，理当展开礼貌性回访并且讨论设计。两个大忙人，设定在一周内完成。

"这是一趟披星戴月的魔鬼行！"在出发之前，我就已预知，不妙！恐怕弱女子得身兼挑夫与摄影师的双重角色。果然，三人行在这次的旅程中，过的是"半夜两点回房，早上五点退房"的日子，上了飞机，个个昏睡得东倒西歪，下了飞机，又是一尾活龙。

一切都很值得。

因为他们对中国台湾大地建筑项目的热情与投入，超乎想像——或事必躬亲，或全程跟随，或是出动全家族接待；历经行李遗失、搞飞机、机场流浪等波折，终于顺利完成魔鬼之旅。

为什么这些国际及建筑师，都这么注重 Next–Gene 计划？为什么原本只要助理来台就好的交稿行程，建筑师本尊都要亲临？是因为澳底计划。我们从建筑师的"态度"，看到了热情。

12 月 2 日／罗马／洋娃娃与山水画

此刻我们在古城罗马，旁边七个月大的 Anna 咿呀呀流着口水对我笑，圆圆蓝眼珠加上圆圆脸，可爱！她是 IaN+ 合伙建筑师 Carmelo 的第一个孩子，此刻端正坐在小车里，陪着爸妈，一起接待中国台湾来的叔叔阿姨。今天是周日，是家庭日，也是开会日，Luca 与 Stefania 的快乐笑语也在。阳光的罗马午后，大家热烈的谈论梦想、设计竞赛，还有在中国台湾的朋友们……

终于到了期盼已久的一刻，看到 IaN+ 的图，奇妙感油然而生——以意大利传统庄园为概念，一栋栋 villa 矗立于澳底山间，竟有股山水画的气氛；或者，又像一个个飞碟翩然降落在山间，我们的嘴形不禁变成 O 字形……Luca 最后忍不住说，我可以也在台湾拥有一尊艺术品吗？

12 月 3 日／罗马到特内里费岛／温暖的混凝土

我们的礼物行李丢了！用纸箱装的，里面有每个国际建筑师的专属 Q 版公仔和蟠龙雕花笔，可能是在托运时，被有心人取走了。丢了一箱，还有一箱，真不知该说这位仁兄是有良心呢？还是他漏了？

特内里费岛是西班牙在北非的属地，有自己的总统与自治权，但在政治上却又依赖西班牙，是个有特殊风情的度假小岛。这座岛上，有个必将成为全球十位建筑大师之一的 Fernando。

这座北非小岛有座你一生中一定要到访的 Magma 会展中心（Magma Arte & Congresos）。可以把硬冷的混凝土玩得温暖柔软、有层次又很大器的，只有西班牙建筑师 Fernando 了；就连要消灭钢筋水泥的隈研吾，都曾造访 Magma 亲炙大师作品。

运用小岛特有的火山地形与当地土壤，Fernando 就地取材，揉合出暖色混凝土，远看像是浑然天成的巨石，近看才知道是创新手法。看 Fernando 仔细温柔地讲述自己的设计理想，像个羞涩又笃定的小孩，原来大师也有这一面！

Fernando 与其他两个伙伴，设计出了岛上的总统府，我们有幸踏入，只见一个警卫守门（由此可见治安之好、政治稳定）；总统府的建材用料高级又厚实（很有钱的小岛国），西班牙风情中透出一些中国风味。我就大摇大摆地坐在总统开会的大会议厅，如同刘姥姥，算是开了眼。

晚间 10 点 30 分，Fernando 全家族总动员，在自家宅内接待我们。这对西班牙人来说可是件大事，大师级的 Fernando 在家族大哥面前，就像个小孩般，以崇敬的眼神看着大哥。我们也很尊敬小心，因为大哥有锐利的眼神与优雅气质，他，是这个岛的前总统！

身为家族中最小的弟弟、身为西班牙建筑大师，Fernando 是一个亲切自然的人，不管是接机、当行李搬运工、下厨煮宵夜晚餐，他都一手包办，甚至当我们都远赴北欧去了，他还在帮我们追踪那一个流浪的纸箱。

一个温柔的人设计出来的澳底计划草图，让我们才初次看到，就感到震撼。其他十九位建筑大师们，可得密切注意了！

12 月 4 日／特内里费岛到哥本哈根／搞飞机

当天，天还没亮，我们从西属特内里费岛出发之后，才知道碰上大麻烦——有乘客将行李托运，人却没在登机口出现……难道是恐怖分子托运炸弹吗？把那位 X 先生（或小姐）的行李拖出来之后，班机已经延误了两小时，这还不打紧，我们根本错过了马德里直飞哥本哈根的飞机，而当天已经没有直飞航班了，全部都是绕远路转飞。地勤人员抱歉地说愿意让我们免费在马德里住一晚，以等待明天的航班，然而我们的行程环环相扣，可没有时间体验马德里的不可思议之处……最后，Aleppo 奔波出一条较近的转飞路线：从马德里转法兰克福，再转到哥本哈根。下飞机时，已经是深夜了。

虽然累，但也许我们幸运地捡回一条命，躲过了炸机哩！

从阳光北非到寒夜北欧，24 小时之内气温骤变，原本 Julien 为我们安排了以“15 分钟”为单位的紧密行程，要按表操课，好好“照顾”中国台湾来的朋友、许我们一个丰富震撼的建筑闪电旅程，可惜遇上了“搞飞机”。有趣的是，Julien 不爱、也不太会开车，他说在他所了解的哥本哈根，男人是不太开车的；也难怪，载着我们四处奔波、接机送机的，不是他的女友就是女助理。

丹麦虽然很童话，但 Julien 十分冷静精选，才三十出头的他，已经赢得多项欧洲大奖，未来无可限量，更是国际名师注目的可敬对手。让我们感动的是忙碌的 Julien 非常用心地跟着我们一起在城市里跑来跑去，盛情感人！

12 月 5 日／柏林／最气质城市

走！出发前往柏林！行程已将迈入五分之四了，暗自希望接下来一切顺利，别再出状况啦！其实不巧，GRAFT，这个德国有名的建筑事务所，有五位主要建筑师，其中两个在北京坐镇，另外三个在美国新奥尔良出差，来接机的是负责公关事务的 Max。一见到高大的他，马上跟我们说了个好消息：主持建筑师 Thomas 已经在从新奥尔良赶回柏林的途中。这又让我们感恩在心，真是福气啦！

为什么这些国际建筑师，都这么重视 Next-Gene 计划？

负责公关的 Max 果真是识途老马，Aleppo 心心念念就是要亲炙德国议会大楼穹顶的风采；但是注意，穹顶是热门的建筑，每天早晚都要排队进场，更别想在穹顶的餐厅吃晚饭、赏景赏物了。好在 Max 就是聪明，他说：晚餐位子难订，那我就订傍晚咖啡座，包君满意……果真满意！穹顶的震撼之美把我们震得眼睛大大嘴巴开开、快门声不

断，冷冽寒风中，看到了大师级作品近在眼前。

Thomas 赶回柏林了！一早我们就跟北京开视频会议，透过电脑荧幕，我们看到 Gregor 这位华人女婿，详细为我们解说精心计划。柏林、北京、台北，距离何其遥远，却在此刻紧密相系。如果以设计费来衡量，Next–Gene 实在是小项目，然而每位建筑师都打算以棋逢对手的姿态，准备好要来一场真枪实弹的较劲与交流。

让我们感动的事再度出现，就在我们准备搭乘凯悦饭店的车赶往犹太博物馆，才甘心转赴机场时，Thomas 竟跳出来说："由我开车带你们去，我最了解这个博物馆，那是我前老板的作品，我也参与了，我最了解！" Thomas，你才刚经历长途飞行回来，都不累喔？感恩，你的盛情！

12 月 6 日／阿姆斯特丹／哪个大客户啊？

MVRDV 是荷兰大师级的建筑师事务所，里面十几组组员都在打听：到底是什么了不得的大项目，要让三位建筑师同时间出现接待与简报？没错，就是澳底，这个恐怕多数荷兰人一辈子都不会去的地方，让三位大师，一同现身……

其实他们的荷兰祖先应该到过澳底——当荷兰人以海权优势占领中国台湾时，离澳底不远处，有个三貂角……

在 MVRDV 位于鹿特丹的办公室里，主持建筑师 Winy 大声地说："我们做的模型比别人的要大一倍！" 而在另一个超大模型上，他们则是将其他十九位建筑师的基地，明确标示出相对方位，一付决心"要拼了"的态势！

MVRDV 的企图用心明显，也不断向 Aleppo 打听其他人的进度，知己知彼，在意的程度，如同正在参加一个大项目的设计竞赛。不过，也就是这点可爱！可爱的还有，当 Winy 与 Jacob 看到了我们为大家特别订制的三人 Q 版公仔时，笑得牙都要掉出来了。

满载而归

我们在澳底，等待这群好朋友们的再次光临。

新闻主播／吕台年董事长夫人　2007 年 12 月 6 日

走一条难走的建筑道路

Walking on a Difficult Road of Architecture

刘育东 Yu-Tung Liu

一栋“好建筑”是谁创造的？对于这个问题，建筑界已有长期的观察、体会、辩证。是建筑师？设计团队？营建团队？政府首长？社会大众？或是业主？好像多多少少都有关联。没有好建筑师，怎么会有好建筑，这很清楚。没有好建筑师背后的设计团队、没有好营建团队，怎么会有好建筑，这也不难理解。没有政府首长在城市和国家的远见，怎么能克服万难孕育出好建筑，这已经开始困难，因为涉及政治人物的艺术品位和利益取舍。没有社会大众懂得鉴赏好建筑，怎么能支持好建筑的诞生，这就更难，因为涉及的是大众的艺术品位，这是全民美学的问题。

伟大业主创造伟大建筑

但最难的，要算是业主了。怎么说呢？建筑界有一句经典名言，“伟大业主创造伟大建筑”，从西方的金字塔、神庙、大教堂，到东方的庙宇、宫殿，历代都有伟大君王以“业主”的角色，走在建筑师“前面”、也在建筑师“背后”，主导着伟大建筑的创造。20世纪更让我们记忆犹新，如果没有企业家洛克菲勒对城市文化的远见，就不会有纽约地标的洛克菲勒中心；如果没有企业家考夫曼对生态环境的远见，就不会有跨在瀑布上与水流融为一体的流水别墅；如果没有澳大利亚总理卡希尔对前卫艺术的远见，就不会有澳大利亚人引以为傲的悉尼歌剧院。当然，没有密特朗，也就没有卢佛尔宫玻璃金字塔。

这个“中国台湾第一次”的国际建筑集体创作，已有许多成功的要素——有好基地、好建筑师、好设计团队、好经营团队、好营建管理团队；但最重要的是，有好“业主”。当辛辛苦苦、不眠不休、战战兢兢完成了10组中国台湾本土建筑师、10组中国台湾境外建筑师的基地踏勘与设计者讨论后，“业主”本该好好休息一下，只让我一个人再继续奔走各国、感谢大家、讨论方案即可。由于时间紧迫，我只能先飞欧洲五国，而且只排得出五天，一天一国，五天五国。但这个计划的“业主”竟毫不考虑地答应跟我去，而且还舍得带宝贝太太一起飞，只为了让境外建筑师觉得更受尊重、更肯定中国台湾能做这种国际规格的建筑规划。

我甚至还“规定”他太太为我们的这趟魔鬼建筑行程写“日志”，好让大家能深刻地体会到“业主”在建筑中应扮演的关键角色。这位能做到“中国台湾第一次”的业主，在整整一年的工作过程中，从未向独立总主持人提出的专业要求说一次“不”，而且，他不只是高度尊重中国台湾境外建筑师，也一视同仁地高度尊重本土建筑师。此外，他也不只像其他企业家一样，在“口中”强调建筑文化艺术，而是更在“预算上”完完全全支持建筑文化艺术。

当伊东丰雄先生看到他的弟子平田晃久那超难盖、必定超出预算，而且不见得能很快卖出的“怪设计”，在中国台湾竟能完完全全、原封不动地被尊重、被实现时（在日本可能早已被业主要求修改），伊东丰雄亲口跟我说：“他真幸运！”（He is so lucky）。

创造是一条寻寻觅觅的道路

本书记录的是一位业主的发起、中国台湾境内外一群人接受邀请，在中国台湾一块基地上，从事的一次实验、进行的一场对话。这次的“实验”主题，包含了前言提到的“下一代基因”，以及伊东丰雄先生为我们评论的“21世纪住宅实验”。这次的“对话”主题，则除了书中呈现的10场跨地域、跨文化的建筑师对谈之外，还有不难从中国台湾境内外媒体大量的报导中发现的，包含了建筑师与业主、建筑师与使用者、建筑师与营建者、建筑师与大众以及建筑师与社会间的对话。无论是建筑与土地的对话、中国台湾境外建筑师与中国台湾本土建筑师的对话，或是建筑师与建筑师的对话、建筑物与建筑物的对话；建筑是关乎对话的事件，建筑就是对话。

从2007年5月24日正式接下Next-Gene总主持人工作到现在，短短一年光景，虽然一直都有种莫名的“突破了另一种中国台湾建筑困境”的兴奋，但随之而来的，必定是许多代价的付出——多到可怕的体力与脑力、少到可怕的睡眠和休息。而且，还不免要隐隐担心许多万一发生的事：怕越多的好建筑师来台、越难统筹；怕越多的好设计出现、越难完工；怕越多人期待、越会落空。还好，意志力和荣誉感向来能战胜一切。因为，就是“国际集体创作”太困难，以前才没有人尝试，或者试过也没有成功，终于，才把“中国台湾第一次”的机会留给我们。

“中国台湾第一次”其实也代表着我们很清楚地知道、也十分承认，中国台湾整体的建筑设计仍很落后，建筑技法也很落后。先承认不行、再努力追赶，先确定不够国际、再积极学习国际。

虽然我们已有建筑大师伊东丰雄的肯定，期许我们成为21世纪的第一个住宅实验，但我们清楚知道，正如同20世纪伟大建筑师柯布西耶的感叹，“创造是一条寻寻觅觅的道路”。也如同前言中提到，台年送给了每一位建筑师“用过的马蹄铁”，“这些马蹄铁，就象征着他们经过历练、磨难后的成功。”我、台年、19位建筑师朋友，正在经过历练、正在等待磨难后的成功。

这个集体创作是否会成功？许多人正在看。很多人难掩兴奋，认为中国台湾能主导一个这么高水准的建筑规划十分难得。很多人热烈期盼，认为建筑设计终于能走向真正国际交流的路。很多人深受鼓舞，认为建筑专业者、教授、学生（尤其是学生）能好好亲身体会建筑的国际视野。很多人雀跃不已，认为中国台湾的建筑美学、城市美学、经济美学都将大幅提升。很多人开始预测，下一代的建筑基因、环境基因、生活基因、生命基因会由此如何改变。当然，也有很多人静静观察，想看看中国台湾的建筑环境是否能接受这种另类的创作、看看这次的国际组合会不会曲高和寡、看看这次的狂放设计能不能顺利施工，甚至看看这次的“下一代基因”会不会只是一种“宣传口号”甚至“商业炒作”。

没关系，因为我知道，历练磨难，过程必须极其辛苦、甚至辛酸，果实才会极其甜美。

2008年5月24日

图书在版编目（CIP）数据

下一代基因建筑——大地建筑的变与不变/刘育东著. —北京：中国建筑工业出版社，2009
ISBN 978-7-112-10452-9

Ⅰ.下… Ⅱ.刘… Ⅲ.建筑设计－文集 Ⅳ.TU2-53

中国版本图书馆CIP数据核字（2008）第168273号

责任编辑：白玉美　孙　炼
责任设计：郑秋菊
责任校对：兰曼利　孟　楠

下一代基因建筑
——大地建筑的变与不变
刘育东　著
*
中国建筑工业出版社出版、发行（北京西郊百万庄）
各地新华书店、建筑书店经销
北京嘉泰利德公司制版
恒美印务（广州）有限公司印刷
*
开本：880×1230毫米　1/16　印张：21　插页：9　字数：658千字
2009年4月第一版　2009年4月第一次印刷
印数：1—2000册　定价：188.00元
ISBN 978-7-112-10452-9
（17376）

照片来源　Photo credits

邱文杰人像摄影 · 柯锡杰
龚书章人像摄影 · 陈敏佳
刘育东人像摄影 · 陈国瀚
Fernando Menis人像摄影 · Torben Eskerod
森俊子Toshiko Mori人像摄影 · Nana Watanabe

前扉页／Page 013／澳底基地空照图 · 陈敏明摄影
Page 009／右上三图 · 杨家凯提供
Page 010／左侧三图 · 丁荣生提供
Page 330-333／Tony Lu 摄影

10位中国台湾境外建筑师

隈研吾 · Kengo Kuma · Japan

平田晃久 · Akihisa Hirata · Japan

徐惠林 · Hailim Suh · Korea

森俊子 · Toshiko Mori · Japan / USA

张永和 · Yong He Zhang · China / USA

MVRDV · Netherlands

IaN+ · Italy

Fernando Menis · Spain

GRAFT · Germany

Julien De Smedt · Denmark

10位中国台湾本土建筑师

龚书章 · Shu-Chang Kung

曾成德 · David Chun-Tei Tseng

姚仁喜 · Kris Yao

邱文杰 · Jay Wen-Chieh Chiu

杨家凯 · Kyle Chia-Kai Yang

简学义 · Hsueh-Yi Chien

黄宏辉 · Irving Hung-Hui Huang

陈瑞宪 · Ray Chen

黄声远 · Sheng-Yuan Huang

刘育东 · Yu-Tung Liu